高等教育工业设计专业系列实验教材

人机工程学 ERGONOMICS

界面与交互系统设计

INTERFACE AND INTERACTIVE SYSTEM DESIGN

于 帆 邹 林 许洪滨 主编

中国建筑工业出版社

图书在版编目（CIP）数据

人机工程学：界面与交互系统设计／于帆，邹林，许洪滨主编．—北京：中国建筑工业出版社，2019.5
高等教育工业设计专业系列实验教材
ISBN 978-7-112-23448-6

Ⅰ．①人…　Ⅱ．①于…　②邹…　③许…　Ⅲ．①工效学－高等学校－教材　Ⅳ．①TB18

中国版本图书馆CIP数据核字（2019）第044300号

责任编辑：吴　绫　贺　伟　唐　旭　李东禧
书籍设计：钱　哲
责任校对：李欣慰

本书附赠配套课件，如有需求，请发送邮件至1922387241@qq.com获取，并注明所要文件的书名。

高等教育工业设计专业系列实验教材
人机工程学 界面与交互系统设计
于帆　邹林　许洪滨　主编
*
中国建筑工业出版社出版、发行（北京海淀三里河路9号）
各地新华书店、建筑书店经销
北京锋尚制版有限公司制版
北京富诚彩色印刷有限公司印刷
*
开本：850×1168毫米　1/16　印张：8¼　字数：186千字
2019年6月第一版　　2019年6月第一次印刷
定价：56.00元（赠课件）
ISBN 978-7-112-23448-6
（33695）

“高等教育工业设计专业系列实验教材”编委会

总序
FOREWORD

仅仅为了需求的话，也许目前的消费品与住房设计基本满足人的生活所需，为什么我们还在不断地追求设计创新呢?

有人这样评述古希腊的哲人：他们生来是一群把探索自然与人类社会奥秘、追求宇宙真理作为终身使命的人，他们的存在是为了挑战人类思维的极限。因此，他们是一群自寻烦恼的人，如果把实现普世生活作为理想目标的话，也许只需动用他们少量的智力。那么，他们是些什么人？这么做的目的是为了什么？回答这样的问题，需要宏大的篇幅才能表述清楚。从能理解的角度看，人类知识的获得与积累，都是从好奇心开始的。知识可分为实用与非实用知识，已知的和未知的知识，探索宇宙自然、社会奥秘与运行规律的知识，称之为与真理相关的知识。

我们曾经对科学的理解并不全面。有句口号是“中学为体，西学为用”，这是显而易见的实用主义观点。只关注看得见的科学，忽略看不见的科学。对科学采取实用主义的态度，是我们常常容易犯的错误。科学包括三个方面：一是自然科学，其研究对象是自然和人类本身，认识和积累知识；二是人文科学，其研究对象是人的精神，探索人生智慧；三是技术科学，研究对象是生产物质财富，满足人的生活需求。三个方面互为依存、不可分割。而设计学科正处于三大科学的交汇点上，融合自然科学、人文科学和技术科学，为人类创造丰富的物质财富和新的生活方式，有学者称之为人类未来“不被毁灭的第三种智慧”。

当设计被赋予越来越重要的地位时，设计概念不断地被重新定义，学科的边界在哪里？而设计教育的重要环节——基础教学面临着“教什么”和“怎么教”的问题。目前的基础课定位为：①为专业设计作准备；②专业技能的传授，如手绘、建模能力；③把设计与造型能力等同起来，将设计基础简化为“三大构成”。国内市场上的设计基础课教材仅限于这些内容，对基础教学，我们需要投入更多的热情和精力去研究。难点在哪里?

王受之教授曾坦言：“时至今日，从事现代设计史和设计理论研究的专业人员，还是凤毛麟角，不少国家至今还没有这方面的专业人员。从原因上看，道理很简单，设计是一门实用性极强的学科，它的目标是市场，而不是研究所或书斋，设计现象的复杂性就在于它既是文化现象同时又是商业现象，很少有其他的活动会兼有这两个看上去对立的背景之双重影响。”这段话道出了设计学科的某些特性。设计活动的本质属性在于它的实践性，要从文化的角度去研究它，同时又要从商业发展的角度去看待它，它多变但缺乏恒常的特性，给欲对设计学科进行深入的学理研究带来困难。如果换个角度思考也许会有帮助，正是因为设计活动具有鲜明的实践特性，才不能归纳到以理性分析见长的纯理论研究领域。实践、直觉、经验并非低人一等，理性、逻辑也并非高人一等。结合设计实践讨论理论问题和设计教育问题，对建设设计学科有实质性好处。

对此，本套教材强调基础教学的“实践性”、“实验性”和“通识性”。每本教材的整体布局统一为三大板块。第一部分：课程导论，包含课程的基本概念、发展沿革、设计原则和评价标准；第二部分：设计课题与实验，以 3~5 个单元，十余个设计课题为引导，将设计原理和学生的设计思维在课堂上融会贯通，课题的实验性在于让学生有试错容错的空间，不会被书本理论和老师的喜好所限制；第三部分：课程资源导航，为课题设计提供延展性的阅读指引，拓宽设计视野。

本套教材涵盖工业设计、产品设计、多媒体艺术等相关专业，涉及相关专业所需的共同“基础”。教材参编人员是来自浙江省、江苏省十余所设计院校的一线教师，他们长期从事专业教学，尤其在教学改革上有所思考、勇于实践。在此，我们对这些富有情怀的大学老师表示敬意和感谢！此外，还要感谢中国建筑工业出版社在整个教材的策划、出版过程中尽心尽职的指导。

叶丹　教授
2018 年春节

前言

PREFACE

本教材的编写与全套书强调“实践性”、“实验性”和“通识性”的宗旨保持一致，并将这三个特性充分反映在三个部分的内容中。

第一章“课程导论”着重于从“通识性”、宏观上介绍人机工程学的历史沿革与发展，人机工程学的基本概念、研究内容和研究方法，以及目前人机工程学的学科体系，与其他学科在理论研究、应用实践的关联与交叉，并且从设计学科的视角阐述目前人机工程学作为一门设计学科的专业基础课程，在设计实践与应用中的一般性原则与评价标准。

第二章“设计课题与实验”是全书的主要内容与重点。整体围绕“界面与交互”主题，从“通识性”的基础知识，到“实验性”的知识点验证，再到“实践性”的设计应用，由“人的行为与动作”、“感官、认知与交互”和“设计实践”形成“两纵一横”的逻辑结构和内容框架。“界面与交互”一直以来就是设计学科与人机工程学最主要的交叉领域，人机工程学关于人的行为与动作、人的感官认知与交互方面的研究成果，不仅为设计学科的产品设计、工业设计、视觉设计和环境设计等专业实践和设计应用提供了科学的依据，也提供了可借鉴和选用的方法与工具。例如，在“人的行为与动作”和“感官、认知与交互”两部分中，课题的基础实验都直接采用了人机工程学的实验方法与工具，在后续课题的应用实验中也有沿用，丰富了设计实践与应用研究的科学方法和手段。

第三章“资源导航”是教材中信息量最大、内容最丰富多样的部分。这一部分的内容包括与第二部分课题相对应的理论知识、研究成果信息资料、国家标准数据库、网站资源索引等，还有不同类型、主题的课程作业示例，为进一步学习、实验或设计实践提供知识拓展、标准依据、参数查询和应用借鉴。

“人机工程学”作为设计学科各专业方向的专业基础必课程或选修课，课时 32~64 学时不等，大多安排在本科教学第一学年的第二学期（也有少数是安排在第一学期，或者第二学年的第一学期），与其他专业基础课程平行，作为后续专业课程的先修课程。本教材第二章中一共有 7 个课题的基础实验、应用实验和设计实践，其中又包括若干实验项目和设计目标，课程的理论知识点分布其中，弱化相互间的关联，突出其独立特性与价值。在教材使用时可以根据课时的多少、专业方向的需求差异，以及课程性质（必修或选修）的不同来选取内容，也可以根据学生基础素质与能力水平状况来取舍。例如可以选择其中某些课题内容，或者某个课题的阶段性内容作为教学重点；也可以选取偏重理论知识与基础实验的“通识性”内容，将应用实验与设计实践部分作为后续专业课程学习时的自修辅助参考资料与工具。

本教材的编写以江南大学设计学院“人机工程学”课程教学中实施的课题实验与设

计实践为基础，选取该课程不同专业方向学生的部分实验报告、设计实践作业作为示例，这些实验报告与设计实践作业绝大部分是大一学生完成的，并不完美，但反映了真实的基础水平与学习状态，也显示出学习过程中具有普遍意义的问题和需要注意的环节与知识点，更接近孩子们的高度，更易于孩子们接受和参照。

本教材的编写，三位专业教师分工不同。邹林老师主要负责第一章“课程导论”的编写，许洪滨老师主要参与第二章“设计课题与实验”中有关“仪器与设备的界面与交互系统设计”课题的编写，于帆老师主要负责第二章与第三章大部分内容的编写。另外，杜娟和关斯斯两位硕士研究生作为“人机工程学”课程的实验助教，辅助完成了实验环节教学与部分课题实践的辅导，并且完成了本教材全部内容的文字、图片的排版处理工作，她们是主要的参编人员。

在此还要感谢钟炜埌、崔胜男、李昊彦、朱春晓、王燕燕、李弦音、付秋月、姜文等多位研究生参与相关信息和资料的收集工作；感谢江南大学设计学院工业设计系、环境设计系大一的学生，他们完成的“人机工程学”课程作业是本教材实验与课题案例的主要来源。

于帆
2018 年 4 月

目录
CONTENTS

0 1 2 3 4 5 6 7 8

01

第 1 章　课程导论

第 1 章 课程导论

1.1 课程的基本概念

1.1.1 人机工程学的命名与定义

1. 人机工程学的命名

人机工程学是 20 世纪 40 年代后期发展起来的一门新兴学科，该学科在其自身的发展过程中逐步打破了其他各学科之间的界限，并有机地融合了各相关学科的理论，不断地完善自身的基本概念理论体系、研究方法以及技术标准和规范，从而形成了一门研究和应用范围都极为广泛的综合性边缘学科。由于其研究的范围和应用的领域极其广泛，各学科领域的专家都从自身的角度来给本学科下定义，因而世界各国对本学科的命名不尽相同，即使同国家对本学科名称的提法也很不统一，甚至有很大差别。

例如：在美国称为“Human Engineering”（人类工程学）或“Human Factors Engineering”（人因工程学）；西欧国家称为“Ergonomics”（工效学）。“Ergonomics”一词是英国学者莫瑞尔于 1949 年首次提出的，它由两个希腊词根“ergon”（即工作、劳动）和“nomos”（即规律、规则）合在一起创造的新词，其本意为人的劳动规律，由于该词源自希腊文，便于各国语言翻译上的统一，而且词义保持中立性，能够较全面地反映学科的本质，因此目前较多的国家采用“Ergonomics”一词作为该学科命名。例如苏联和日本都采用该词的译音，苏联译为“Эргономика”，日本译为“人间工学”（にんげんこうがく）。

人机工程学在我国起步较晚，名称繁多，除普遍采用“人机工程学”、“工效学”外，常见的名称还有“人体工程学”、“人类工程学”、“工程心理学”、“机械设备利用学”、“宜人学”、“人的因素”等。

2. 人机工程学的定义

由于人机工程学一开始就是一门交叉学科，涉及多个学科和专业领域，加上各领域研究侧重点的不同，因而对本学科的定义也不尽相同。

例如，国际上比较具有代表性的人机工程学定义有：

美国人机工程学家 C · C · 伍德（Charles C. Wood）：设备设计必须适合人的各方面因素，以便在操作上付出最小的代价而求得最高效率。

美国人机工程学家 W · B · 伍德森（W. B. Woodson）：人机工程学研究的是人与机器相互关系的合理方案，亦即对人的知觉显示、操作控制、人机系统的设计及其布置和作业系统的组合等进行有效的研究，其目的在于获得最高的效率及作业时感到安全和舒适。

美国人机工程学及应用心理学家 A · 查帕尼斯（A. Chapanis）：人机工程学是在机械设计中，考虑如何使人获得简便而又准确的操作的一门科学。

日本专家：人类工程学是根据人体解剖学、生理学和心理学等特性，了解并掌握人的作业能力与极限，及其工作、环境、起居条件等和人体相适应的科学。

苏联的学者将人机工程学定义为：人机工程学是研究人在生产过程中的可能性、劳动活动方式、劳动的组织安排，从而提高人的工作效率，同时创造舒适和安全的劳动环境，保障劳动人民的健康，使人从生理上、心理上得到全面发展的一门学科。

中国著名科学家钱学森在《系统科学、思维科学与人体科学》一文中指出：人机工程是一门非常重要的应用人体科学技术，它专门研究人和机器的配合，考虑到人的功能能力，如何设计机器，求得人在使用机器时整个人和机器的效果达到最佳状态。

另外，国际人机工程学会（International Ergonomics Association，简称 IEA）在会章中的定义为：研究人在某种工作环境中的解剖学、生理学和心理学等方面的因素，研究人和机器及环境的相互作用，研究在工作中、生活中和休假时，怎样统一考虑工作效率、人的健康、安全和舒适等问题的学科。

我国 1979 年出版的《辞海》中对人机工程学的定义为：人机工程学是一门新兴的边缘学科。它是运用人体测量学、生理学、心理学和生物力学以及工程学等学科的研究方法和手段，综合地进行人体结构、功能、心理以及力学等问题研究的学科。用以设计使操作者能发挥最大效能的机械、仪器和控制装置，并研究控制台上各个仪表的最适合位置。

《中国企业管理百科全书》将人机工程学定义为：研究人和机器、环境的相互作用及其合理结合，使设计的机器与环境系统适合人的生理、心理等特点，达到在生产中提高效率、安全、健康和舒适的目的。

综上所述可以认为：人机工程学是以人的生理、心理特性为依据，应用系统工程的观点，分析研究人与机械、人与环境以及机械与环境之间的相互作用，为设计操作简便省力、安全、舒适，人—机—环境的配合达到最佳状态的工程系统提供理论和方法的科学。

作为一门新兴的边缘学科，名称和定义并不会一成不变，随着学科的不断发展、研究内容的不断扩大，其名称和定义还将发生变化。本书采用“人机工程学”这一命名，同时根据课程内容，注重于界面及交互系统设计。在本学科中，“机”所代表的并不仅仅是简单的机器与设备，而是涵盖了诸多内容；设计界面则存在于人与物的信息交流之中，可定义为设计中所面对、分析的一切信息交互的总和，甚至可以说，包含人与物信息交流的一切领域都属于设计界面，它的内涵要素是也是极为广泛的。设计界面反映着人与物之间的关系。因此，人机界面的研究在人机工程学科中有着重要的作用。

1.1.2 人机工程学的研究内容

从人—机—环境系统角度出发，可以将人机工程学研究内容分为人的特性、机的特性、环境特性、人—机关系、机—环境关系、人—环境关系，以及人—机—环境系统七个方面。图 1-1 为人机工程学研究范围。

1. 人的生理和心理特性的研究

人的生理、心理特性是研究人—机—环境系统的基础。人机工程学的研究目标是“统一考虑工作效率、人的健康、安全和舒适等问题”。因此必须了解人的感知能力、认知规律、反应特征、施力特

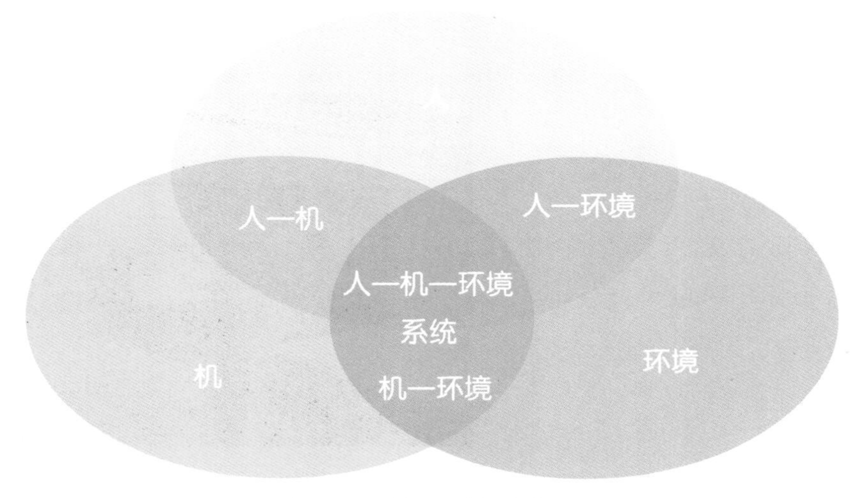

图 1-1 人机工程学研究范围

征、人的可靠性、人的控制模型和决策模型、人体动静态尺寸及各种条件下的感知极限和生理极限。不仅要研究人的物理属性，还要研究人的社会属性，包括宗教信仰和民族习惯等。此外，还应包括残障者生理和心理特性的研究。

2. 机器特性的研究

机器的特性包括建立机器的动力学模型、运动学模型；机器的特性对人、环境和系统性能的影响；机器的防错纠错设计；机器的可靠性研究。

3. 环境特性的研究

环境特性的研究包括环境检测技术、监控技术、预测技术。环境因素能直接或间接影响人的工作和机器的运行。不良的环境因素通过对人生理和心理的影响，使人疲劳、反应速度减慢、工作效率下降、人为失误增加；恶劣的环境也会影响到机器的性能、运行的稳定性和安全性以及寿命，甚至威胁到人的生命和机器的安全。对于环境特性的研究，主要目的是控制对人和机器造成不良影响的各种环境因素，减少环境因素对操作人员和机器的不良影响。

4. 人一机关系的研究

人一机关系是人一机一环境系统中的主要研究内容。它主要包括显示器和操纵器设计、人机功能分配、人机界面设计与优化、人机特性协调、人机系统可靠性和人机系统安全性等。

5. 人一环境关系的研究

研究振动、噪声、粉尘、辐射、有害气体、照明、色彩、失重、超重、摇动、温度和湿度等环境对人的影响及防护技术。不良的作业环境会影响人的工作效率，损害人的身体和心理健康。例如，温度过高会使人产生不适感，易引起焦虑、烦躁、激动、动作不协调、自持力下降、精神松弛和注意力分散等，易造成操作失误；照度不足容易引起视觉疲劳，影响人对信号的感知和大脑思维的敏捷性，易发生误判断和误操作；噪声可使人烦躁、易怒、多疑、乏力、多虑、压抑和分散人的注意力，使人的行为处于不安全状态；杂乱、狭小和拥挤的工作空间，使作业者产生压抑、烦躁、紧张和混乱感，易发生失误等。图 1-2 为工厂作业环境中的人一机一环境系统。

图 1-2　工厂作业环境中的人一机一环境系统
（图片来源：http://image.so.com/）

6. 机—环境关系的研究

研究机器和环境的相互作用、相互影响，寻求机器和环境共生的最佳途径。

7. 人—机—环境系统性能的研究

把人、机和环境作为人机系统中的三大要素，从系统的角度对其进行全面规划和控制，保证人、机器设备和环境的相互协调，创造最优化的人机关系、最佳的系统工效和最舒适的工作环境。主要研究内容包括人一机一环境系统总体性能的分析和评价。

工业设计学科也是围绕着人机工程的基本研究方向来确定相关的研究内容。对工业设计师来说，从事本学科研究的主要内容可概括为以下几个方面。

（1）在人与产品关系中，作为主体的人，既是自然的人，也是社会的人。

在自然方面的研究有人体形态特征参数，人的感知特性，人的反应特性，人在工作和生活中的生理特征和心理特征等；在社会方面的研究有人在工作和生活中的社会行为、价值观念、人文环境等，目的是解决机器设施、工具、作业、场所以及各种用具的设计如何适应人的各方面特征的问题，为使用者创造安全、舒适、健康、高效的工作条件，如图 1-3 所示。

图 1-3　C-Thru 消防头盔设计充分考虑人的因素，保证消防员在浓烟密布的火场中保持清晰的视野并且及时、顺利地完成营救任务

人的因素包括：

1）人体形态特征参数：静态尺度和动态尺度。

2）人体力学功能和机制：人在各种姿势及运动状态下，力量、体力、耐力、惯性、重心、运动速度等的规律。

3）人的劳动生理特征：人体负荷反应和疲劳机制等。

4）人的可靠性：在正常情况下，人失误的可能性和概率等。

5）人的认知特性：人对信息的感知、传递、存储、加工、决策、反应等规律。

6）人的心理特性：影响人心理活动的基础（生理和环境基础），动力系统（需要、动机、价值观等），个性系统（人格和能力）等。

（2）人机系统的整体设计

人机系统设计的目的就是创造最优的人机关系、最佳的系统效益、最舒适的工作环境，充分发挥人、机各自的特点，取长补短、相互协调、相互配合。如何合理分配人与机在系统功能以及人机间有效传递信息是系统整体设计的基本问题。

信息技术的发展，人们面对的是大量快速传递的信息，要求操作时精度高、快速准确。同时人机界面由硬件向软件转移，这时人与机都进入一个新的阶段，因此新系统中人的特性如何体现，人与机的功能如何分配，机器系统如何更宜人等成为系统设计的主要内容。

（3）工作场所

工作场所设计一般包括：作业空间设计、作业场所的总体布置，工作台或操纵台设计、座椅设计等，作业场所设计的研究目的是保证工作场所适合操作者的作业目的，工作环境符合人的特点，使人在工作过程中健康不会受到损害，高效而又舒适地完成工作。

作业环境包括：

1）物理环境：照明、温度、湿度、噪声、振动、空气、粉尘、辐射、重力、磁场等。

2）化学环境：化学污染等。

3）生物环境：细菌污染及病原微生物污染等。

4）美学环境：造型、色彩、背景音乐的感官效果。

5）社会环境：社会秩序、人际关系、文化氛围、管理、教育、技术培训等。

（4）信息传递装置的设计

人—机—环境系统的信息传递，主要是机器和环境向人传递信息，机器接受人的信息，即操纵与显示的设计两个方面。人机工程学对它们的研究不是重点解决工程技术上的具体设计问题，而是从人的特性出发，研究信息传递方式、准确性、可靠性以及人的认读速度与精度等；研究操作装置的形状、大小、位置和操纵方式与人的生理、心理、生活习惯等方面相适应等。

（5）环境控制和安全保护设计

人机工程学研究环境因素，如温度、湿度、照明、噪声、振动、粉尘、有害气体、辐射等对作业过程和健康的影响；研究控制、改良环境条件的措施和方法，为操作者创造安全、健康、舒适的工作空间。

人机系统设计首要任务应该是保护操作者的人身安全，要求在产品的设计过程中，研究产生不安全的因素时，如何采取预防措施。这方面的内容包括：防护装置、保险装置、冗余性设计、防止人为失误装置、事故控制方法、求援方法、安全保护措施等。

1.1.3 人机工程学的研究方法

人机工程学广泛采用各学科的研究方法，包括人体科学、生物科学、系统工程、控制理论、优化理论和统计等学科的一些研究方法，同时也建立了一些独到的新方法。常用的方法可以归纳如下。

1. 自然观察法

是研究者通过观察和记录自然情境下发生的现象来认识研究对象的一种方法。观察法是有目的、有计划的科学观察，是在不影响事件的情况下进行的。观察者不参与研究对象的活动，这样可以避免对研究对象的影响，可以保证研究的自然性与真实性。自然观察法也可以借助特殊的仪器进行观察和记录，这样能更准确、更深刻地获得感性知识。例如要获取人在厨房里的行为，可以用摄像机把对象在厨房里的一切活动记录下来，然后，逐步对其进行分析和整理。观察法又可以分为：直接观察、间接观察、结构式观察、非结构式观察等。

2. 实测法

这是一种借实验仪器进行实际测量的方法，也是一种比较普遍使用的方法。如为了获得座椅设计所需要的人体尺度，我们必须对使用者群体进行实际测量，对所测数据进行统计处理，为座椅的具体设计提供人体尺度依据。实测法根据测量项目的不同可以分为：尺度测量、动态测量、力量测量、体积测量、肌肉疲劳测量、其他生理变化测量。

3. 实验法

是在人为控制条件下，系统地改变一定的变量因素，以引起研究对象相应变化来做出因果推论和变化预测的一种研究方法。

实验法是当实测法受到限制时，选择的实验方法。实验可以在作业现场进行，也可以在实验室里进行。如为了获取按计算机键盘的按压力、手指击键特征、手感和舒适感等数据，可以在作业现场进行实际操作实验，以获得第一手资料。

4. 模型试验法

在一些复杂的系统、危险的情境或预测性的研究中，常采用模拟和模型试验法，可以对系统进行逼真的试验，从而获得现实情况中无法或不易获得的数据。

5. 分析法

分析法是在实测法和实验法的基础上进行的，是对人机系统已取得的“资料”和数据进行系统分析的一种方法。

6. 调查法

人机工程学中许多感觉和心理指标很难用测量的办法获得，设计师常以调查的方法获得这方面的信息。调查的结果虽然比较难量化，但却能给人以直观的感受，有时反而更有效。

调查法在具体实施上，可以分为访谈法、考察法、问卷法等。

7. 计算机辅助研究

随着计算机技术和数字技术的发展，在数字环境中建立人体模型成为可能，利用人体模型模仿人的特征和行为，描述人体尺度、形态和人的心理（如疲劳等）。

数字人体模型可以使产品设计与产品的人机分析过程可视化，对于产品设计师和人体工学专家来说，数字人体模型具有以下优点：其一，它能使产品的变数在设计的早期得到了解，且易获取这些变化的发展趋势；其二，它可以控制产品的特性，即依人的特性决定产品的功能参数；其三，可以用人的数字模型进行产品的安全测试。

1.1.4 人机工程学体系及其相关学科

1. 人机工程学体系

人机工程学虽然是一门综合性的边缘学科，但它有着自身的理论体系，同时又从许多基础学科中吸取了丰富的理论知识和研究手段，使它具有现代交叉学科的特点。

该学科的根本目的是通过揭示人、机、环境三要素之间相互关系的规律，从而确保人—机环境系统总体性能的最优化。从其研究目的来看，就充分体现了本学科主要是“人体科学”、“技术科学”和“环境科学”之间的有机融合。更确切地说，本学科实际上是人体科学、环境科学不断向工程科学渗透和交叉的产物。它是以人体科学中的人体解剖学、劳动生理学、人体测量学、人体力学和劳动心理学等学科为“一肢”；以环境科学中的环境保护学、环境医学、环境卫生学、环境心理学和环境监测学等学科为“另一肢”；而以工程科学中的工业设计、工程设计、安全工程、系统工程以及管理工程等学科为“躯干”，形象地构成了本学科的体系。图 1-4 为人机工程学知识体系。

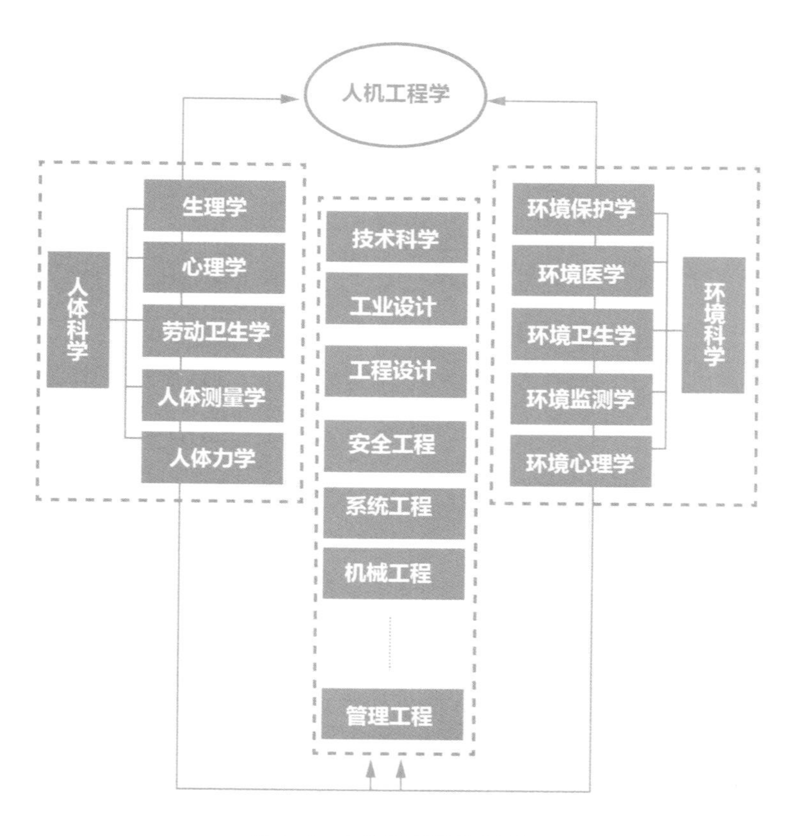

图 1-4　人机工程学知识体系

2. 人机工程学的相关学科

人机工程学有其自身的理论体系，但综合了相关学科的原理、成果、方法、数据，将人、机、环境构成有机联系的完整系统。

从人—机—环境系统来看，以人为主体，研究该系统中人、机、环境之间相互协调、相互配合的规律，使得人—机—环境整体系统达到最优化。

它除了同相关工程技术学科关系密切外，还与生理学、心理学、人体解剖学，人体测量学、人类学、运动生物力学、环境保护学、环境医学、环境卫生学、管理科学等学科有密切联系。此外，还和社会学、技术美学、语言学等学科关系紧密。图 1-5 为人机工程学相关学科框架图。

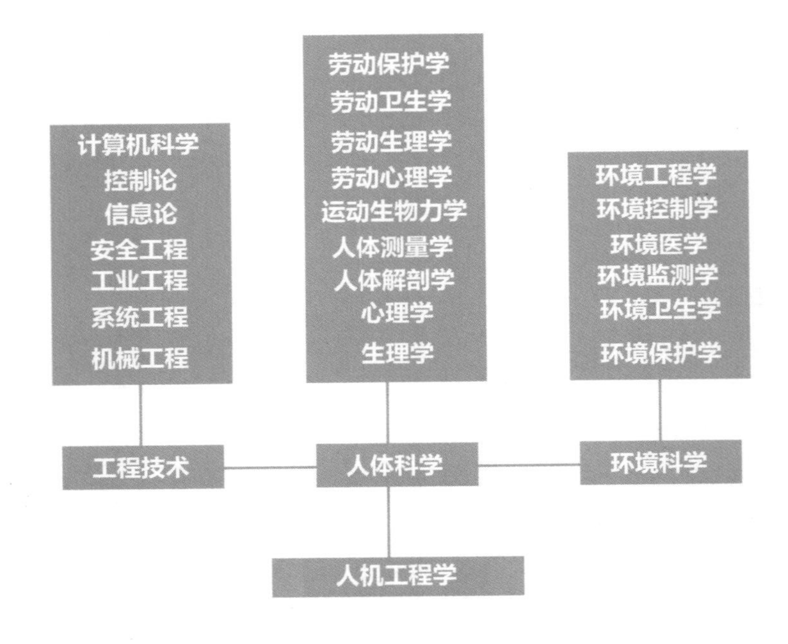

图 1-5 人机工程学相关学科框架图

1.1.5 人机工程学与工业设计

人的因素已成为工业设计的主要因素，甚至决定因素，一项优良的设计必然是人、环境、技术、经济、文化等因素巧妙平衡的产物。因此，要求设计师有能力在各种制约因素中，找到一个最佳的平衡点。从人机工程和工业设计两学科的共同目标来评价，判断最佳平衡点的标准，就是在设计中坚持以“人”为核心的主导思想。以“人”为核心的主导思想具体表现在各项设计均应以人为主线，将人机工程理论贯穿于设计的全过程。人机工程研究指出，在产品设计全过程的各个阶段，都必须进行人机工程设计，以保证产品使用功能得以充分发挥。图 1-6 为工业设计各阶段中人机工程设计工作程序。

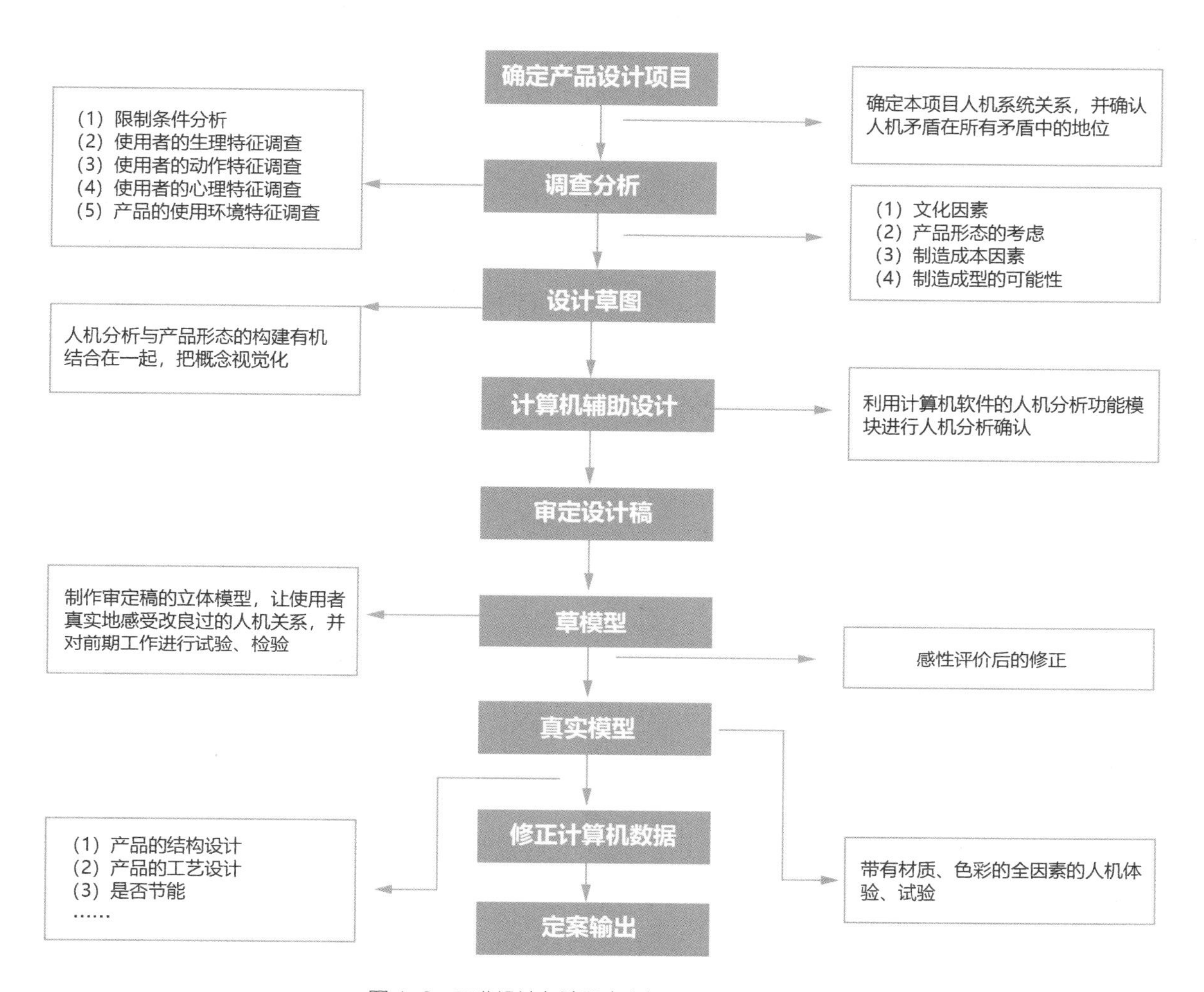

图 1-6　工业设计各阶段中人机工程设计工作程序

人机工程学与国民经济的各部门都有密切关系。仅从工业设计这一范畴来看，大至宇航系统、城市规划、建筑设施、自动化工厂、机械设备、交通工具，小至家具、服装、文具以及盆、杯、碗、筷之类的生活用品，总之为人类各种生产与生活所创造的一切“物”，在设计和制造时，都必须把“人的因素”作为一个重要条件来考虑。

人机工程学研究的内容及对工业设计的作用可以概括为以下几个方面。

1. 为工业设计中考虑“人的因素”提供人体尺度参数

应用人体测量学、人体力学、劳动生理学、劳动心理学等学科的研究方法，对人体结构特征和机能特征进行研究，提供人体各部分的尺寸、体重、体表面积、比重、重心以及人体各部分在活动时的相互关系和可及范围等人体结构特征参数；还提供人体各部分的出力范围、活动范围、动作速度、动作频率、重心变化以及动作时的习惯等人体机能特征参数；分析人的视觉、听觉、触觉以及肤觉等感受器官的机能特性；分析人在各种劳动时的生理变化、能量消耗、疲劳机理以及人对各种劳动负荷的适应能力；探讨人在工作中影响心理状态的因素以及心理因素对工作效率的影响等。

2. 为工业设计中“物”的功能合理性提供科学依据

如搞纯物质功能的创作活动，不考虑人机工程学的原理与方法，那将是创作活动的失败。因此，如何解决“物”与人相关的各种功能的最优化，创造出与人的生理、心理机能相协调的“物”，这将是当今工业设计中在功能问题上的新课题。通常，在考虑“物”中直接由人使用或操作部件的功能问题时，如信息显示装置、操纵控制装置、工作台和控制室等部件的形状、大小、色彩及其布置方面的设计基准，都是以人体工程学提供的参数和要求为设计依据。

3. 为在工业设计中考虑“环境因素”提供设计准则

通过研究人体对环境中各种物理、化学因素的反应和适应能力，分析声、光、热、振动、粉尘和有毒气体等环境因素对人体的生理、心理以及工作效率的影响程度，确定人在生产和生活活动中所处的各种环境的舒适范围和安全限度，从保证人体的健康、安全、舒适和高效出发，为工业设计中考虑“环境因素”提供分析评价方法和设计准则。

4. 为进行人机—环境系统设计提供理论依据

人机工程学的显著特点是，在认真研究人、机、环境三个要素本身特性的基础上，不单纯着眼于个别要素的优良与否，而是将使用“物”的人和所设计的“物”以及人与“物”所共处的环境作为一个系统来研究，在人机工程学中将这个系统称为“人机环境”系统。在这个系统中人、机、环境三个要素之间相互作用、相互依存的关系决定着系统总体的性能。本学科的人机系统设计理论，就是科学地利用三个要素之间的有机联系来寻求系统的最佳参数。系统设计的一般方法，通常是在明确系统总体要求的前提下，着重分析和研究人、机、环境三个要素对系统总体性能的影响，应具备的各自功能及其相互关系，如系统中机和人的职能如何分工、如何配合；环境如何适应人；机对环境又有何影响等问题，经过不断修正和完善三要素的结构方式，最终确保系统最优组合方案的实现。这是人机工程学为工业设计开拓了新的设计思路，并提供了独特的设计方法和有关理论依据。

5. 为坚持以“人”为核心的设计思想提供工作程序

一项优良设计必然是人、环境、技术、经济、文化等因素巧妙平衡的产物。为此，要求设计师有能力在各种制约因素中，找到一个最佳平衡点。从人机工程学和工业设计两学科的共同目标来评价，判断最佳平衡点的标准，就是在设计中坚持以“人”为核心的主导思想。以“人”为核心的主导思想具体表现在各项设计均应以人为主线，将人机工程学理论贯穿于设计的全过程。人机工程学研究指出，在产品设计全过程的各个阶段，都必须进行人机工程学设计，以保证产品使用功能得以充分发挥。

1.1.6 人机系统设计的一般程序

要对复杂的人机系统进行全面、具体的分析和充分的调查研究，然后建立模型来进行评价。一般的人机系统设计程序，如图 1-7 所示。

1. 人机系统存在的必要条件

（1）系统的使命和目的。

（2）系统的使用条件，一般的环境条件。

（3）机动性。

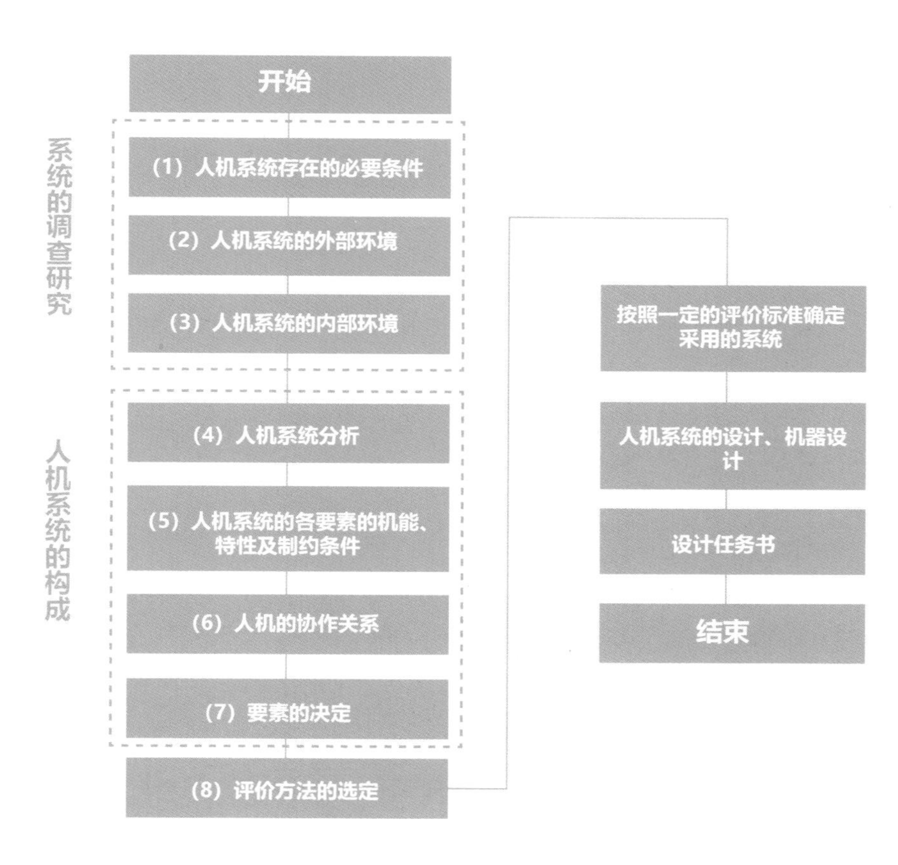

图 1-7 人机系统设计程序

2. 人机系统的外部环境

这里主要指妨碍人机系统功能完成的外部环境，对此要进行认真的调查和检测。一般外部环境包括技术水平、自然环境、企业政策、经济条件、人的因素、原材料、市场等。对于人机系统的设计而言，人的因素是主要的，诸如系统中工作人员的职业、年龄、技术水平、心理素质等都将直接影响机器系统的成功度和可靠度。

3. 人机系统的内部环境

人机系统的内部环境对人的能力影响较大，它们主要有：

（1）温热环境。包括体温调节、最舒适的温度以及对温度的适应性训练等。

（2）气压环境。低压环境下供氧不足及高原适应性训练，高压环境下氧中毒、氮中毒、潜伏病等。

（3）重力环境。人体对加速度、减速度的反应及人体忍耐的限度等。

（4）其他。如辐射环境、视觉与适应、适当的照度、明适应、暗适应等。

（5）衣服环境。衣服小气候、衣服材料等。

（6）居住环境及气候、噪声与震动环境。

（7）放射性环境、粉尘环境及大气污染。

4. 人机系统分析

人机系统分析主要有以下内容：

（1）系统的使命和要素分析。

（2）机器分析。

（3）要素分配分析。

（4）权衡分析。

（5）设计优化分析。

（6）补给支援分析。

（7）人的性能评定及人的潜力分析。

（8）安全性、可靠性等分析。

进行具体分析时，首先须在调查研究的基础上规划出系统的模型，明确系统的输入、输出、要求、目的、制约等，并设定问题。问题分析模型如图 1-8 所示。

该图说明了当从环境等条件出发，提出一个新的系统时，先要选定系统的目的，并按其评价标准从高的层次开始，依次记录下来。因为系统的目的是分层次的，所以应分阶段进行分析。

首先应明确为了达到目的需要解决的问题；然后再进行系统的合成和解析；还要调查有关该系统的文献和专利，论证实现该系统在技术上的可能性。

要充分考虑技术、材料等各个方面应具备什么样的机能，并把这些机能组合起来解决问题，以达到完善的系统功能。在把系统分成许多子系统时，要分析调查各子系统的输入、输出关系，并假定该系统是完整的，进而分析实现的可能性。这就要把握住人机关系中的机能分析、连接分析、作业活动分析、动作分析，然后再根据分析结果来改善假定系统的功能。

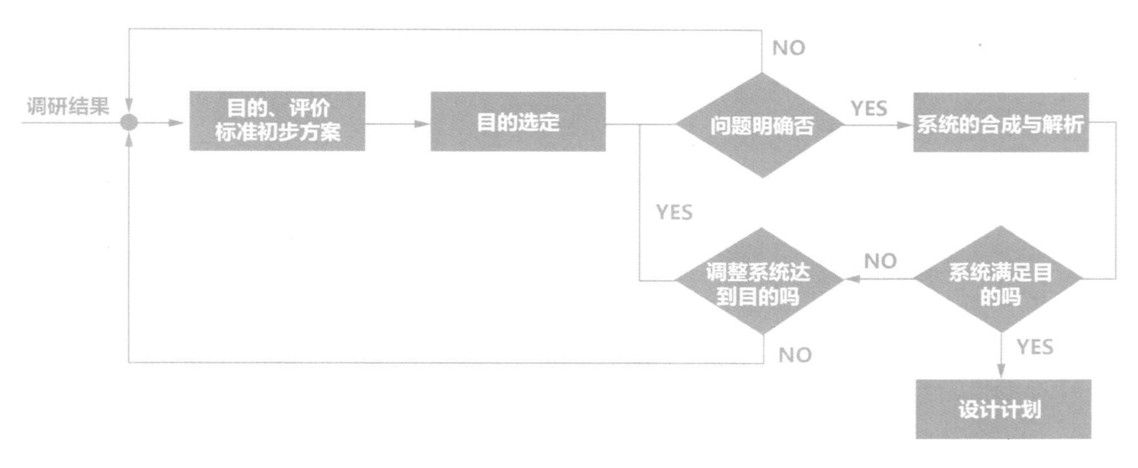

图 1-8 系统设计问题的分析模型

在机能分析中，要明确构成系统的各要素的机能及其制约条件明确人和机器功能负担的科学根据，并做好人与机器相互关系资料的准备，根据这些来决定该系统的各个要素。如决定不了，要返回来再进行系统的合成和解析，调整各要素间的关系；如不可能调整，则重新选定与以前目的相同的系统，再重复以前的程序图，按顺序进行下去，直至满意为止。

5. 人机系统各要素的机能、特性及制约条件

（1）人的最小作业空间。

（2）人的最大施力。

（3）人的作业效率。

（4）人的疲劳度。

（5）人的可靠度。

（6）费用。

（7）系统的输入与输出。

6. 人机的协作关系

（1）人与机器的作业分工。

（2）人机共同作业的程度。

7. 要素的决定

（1）决定系统中人的功能。

（2）决定系统中机器的功能。

8. 评价方法的选定

（1）参照人机系统评价法。

（2）考虑系统的可靠性、安全性等。

1.2 课程的沿革与发展

1.2.1 人机工程学发展历程

在远古时代，人类为了生存，捕获猎物、耕作生产以及生活都要依靠工具。从世界各国的工具进化中，我们可以看到在漫长的历史进程中人类与工具的关系，可以说，自从人类开始制造工具，就有了人和器具最原始的人机关系。

中国两千多年前的《冬官考工记》中，记载有我国商周时期根据人体尺寸设计制作各种工具及车辆的论述。“所谓轮六尺有六寸天下中制也，轮过于崇则其轸亦过于四尺矣，故轸为太高而人力有所不能登轮，或已庳则其轸亦不及四尺矣，故轸为太下，而马之力有所不能引，人不能登则力怠，马不能引则常若登阪，而倍用其力，此非车之善者也……人之登下以车为节，车之崇庳以马为节……六尺六寸之轮，轵高三尺三寸也，加轸与焉四尺也，人长八尺登下以为节。”这一段详细论述了关于马拉车辆设计中，车轮结构及尺寸如何按人的尺寸设计，以保证其宜人性，并使马的力量很好地得以发挥。

人体测量学是人机工程学中的一门重要基础学科。我国战国时期的《黄帝内经》中，对人体尺寸的测量方法、测量部位、测量工具、尺寸分类等有着详细的说明。如：“其可为度量者，其中度也”是对测量对象提出的要求，“若夫八尺之士，皮肉在此，外可度量切循而得之”、“其死可解剖而视之”为体表尺寸测量部位、测量方法和解剖方法的说明。

由此可见，古代时期虽然没有系统的人体工程学研究方法，但其工具的发展考虑到人的尺度关系，符合人体工程学的原理。

尽管应用人体工程学的原理创造了古代的非凡成就，但真正采用科学的方法，系统研究人的能力与其所使用的工具之间的关系却开始于 19 世纪末。随着工业革命时期的开发与发展，人们所从事的劳动在复杂程度和负荷量上有了很大的变化，迫使应用近代的研究手段改革工具以改善劳动条件和提高劳动生产率。

英国是世界上开展人机工程学研究最早的国家，但本学科的奠基性工作实际上是在美国完成的。所以，人机工程学有“起源于欧洲，形成于美国”之说。

虽然本学科的起源可以追溯到 20 世纪初，但是作为一门独立的学科还只有 50 年左右的历史。在这段形成与发展的过程中，人机工程学大致可分为以下几个阶段：

1. 经验期

经验人机工程学（20 世纪初至第二次世界大战之前）

背景：资本主义经济快速发展，企业规模扩大，生产混乱，劳资关系紧张，劳动复杂程度和负荷量发生很大变化，改革工具、改善劳动条件和提高劳动效率成为最迫切的问题。

代表人物：F · W · 泰勒、吉尔伯雷斯及其夫人丽莲吉尔伯雷斯、闵斯特伯格。

典型案例：

（1）铁锹作业实验：从 1898 年泰勒进入伯利恒钢铁公司之后便开始了他的铁块搬运、铁锹铲掘及金属切割作业研究。在对铁铲铲煤作业进行研究中，用 5kg、10kg、17kg、20kg 四种装煤铁铲对铲煤作业进行实验，发现 10kg 铁铲效率最高。他的研究成果成了欧美一些国家为了提高生产效率而推行的“泰勒制”。泰勒通过一系列实验，总结出一套管理原理，以 1903 年发表的论文《论工厂管理》为标志，开创了人体工程学的研究。泰勒也被称为现代管理学之父。

图 1-9 F·W·泰勒
（图片来源：http://st.so.com/）

（2）砌砖作业实验：1911 年美国吉尔伯雷斯夫妇对建筑工人砌砖作业进行研究，通过快速摄影机将砌砖动作拍摄下来并进行分析，去掉无用的动作，使砌砖速度由每小时 120 块提高到 350 块，作业效率提高一倍多。他们还对外科手术的过程进行改进，将外科大夫自己取器械的方式改变为只需说出器械名称，由助手取器械并递给大夫，这一成果一直沿用至今。1911 年，以动作闻名于世的吉尔伯雷斯夫妇，通过快速拍摄影片详细记录工人的操作动作后，进行了技术和心理两方面的分析研究，提出了著名的“吉尔伯雷斯基本动作要素分析表”，他们的研究成果被后人称为“动作与时间研究”，动作与时间研究对于提高作业效率至今仍有其重要意义。

图 1-10 吉尔伯雷斯夫妇
（图片来源：http://st.so.com/）

（3）肌肉疲劳实验：1884 年，德国学者莫索（AMosso）对人体劳动疲劳进行了试验研究。对作业的人体通以微电流，随着人体疲劳程度的变化，电流也随之变化，这样用不同的电信号来反映人的疲劳程度。这个试验研究为以后的“劳动科学”打下了基础。

现代心理学家 H·M·闵斯托博格是最早将心理学应用于工业生产的人，他于 1912 年左右出版了《心理学与工业效率》一书，提出心理学对人在工作中的适应与提高效率的重要性。将当时心理技术学的研究成果与泰勒的科学管理学从理论上有机地结合起来，运用心理学的原理和方法，通过选拔与培训，使工人适应机器，这就是后来以人的因素（人体尺寸、人体力学、生理学及心理学因素）为基础，研究人机界面的信息交换过程，进而研究人机系统设计及其可靠性的评价方法而形成的人体工程学。它和“动作与时间研究”并称为人体工程学领域的两大分支，现已成为工业管理及工程设计中的两门重要应用性科学。

两个分支虽然各有其中心课题，但所用的研究方法仍有许多共同之处，在研究问题的过程中既有区别的部分，也有相互交叉的部分。从研究的总目的来看，这两个学科都是为了使劳动过程科学化，以提高劳动效率和保证劳动者的健康；从研究的范围来看，前者主要着眼于作业过程中人机关系的宏观分析，而后者主要着眼于人机对话过程中人机信息交换的微观分析，两者之间有着必然的联系。因此，可以广义地把两者都归结为人机工程学的范畴。

特点：以机械为中心进行设计，机器设计的主要着眼点在于力学、电学、热力学等工程技术方面的优选上，在人机关系上是以选择和培训操作者为主，使人适应于机器。尝试改善工作条件、减轻疲劳等实际问题。此期间的研究成果为人体工程学学科的形成打下了良好的基础。

2. 创建期

科学人机工程学（第二次世界大战至 20 世纪 50 年代）

背景：由于战争的需要，军事工业得到了飞速的发展，武器装备变得空前庞大和复杂。例如：德国制造的 80cm 口径 DORA 远程大炮，射程为 47km，炮弹重达 48t，需 250 名士兵协同操作；飞机性能不断升级，操作件数量增加，美国制造的轰炸机上，仪表及控制装置有 100 多个，驾驶员的负担过重，此时，完全依靠选拔和培训人员，已无法使人适应不断发展的新武器的性能要求。对于这样复杂的武器，由于显示部分、联络部分及操作部分的设计不符合人的生理、心理特点，设计时没有很好地考虑操作方法而造成操作程序的混乱，不但给士兵训练带来很大的困难，影响了武器效率的发挥，而且还发生过大量的武器事故。据统计，美国在第二次世界大战中的飞机事故，80% 是由于人机工程方面的原因造成的。人们在屡屡失败中逐渐清醒，认识到只有当武器装备符合于使用者的生理、心理特性和能力限度时，才能发挥其高效能，避免事故的发生。第二次世界大战中的主要武器生产国都建立和发展了专门的机构对武器设计及生产中的人机工程学问题进行研究。对人机关系的研究从使人适应于机器转入了使机器适应于人的新阶段。也正是在此时，工程技术才真正与生理学、心理学等人体科学结合起来，从而为人机工程学的诞生奠定了基础。

特点：重视工业与工程设计中“人的因素”，力求使机器适应于人。研究课题已超出了心理学的研究范畴，许多生理学家、工程技术专家加入该学科中来共同研究，被称为“工程心理学”。第二次世界大战之后，学科的综合研究从军事领域向非军事领域发展，如飞机、汽车、机械设备、建筑设施以及生活用品等。

第二次世界大战后，1949 年 A · 查帕尼斯（ A. Chapanis ）等合著的《应用实验心理学——工程设计中人的因素》一书，总结了第二次世界大战时期的研究成果，系统地论述了人机工程学的基本理论和方法，为人机工程学作为一个独立的学科奠定了理论基础。1954 年 W · E · 伍德林出版了他的《设备设计中的人类工程学导论》，该书具有承上启下的意义。1957 年美国的 E · J · 麦克考米克发表的《人类工程学》是第一部关于人机工程学的权威著作，标志着这一学科已进入成熟阶段。

人机工程学的迅速发展及其在各个领域中的作用越来越显著，引起各学科专家、学者的关注。1949 年英国在克 · 马勒等人的倡导下，首先成立了人机工程学研究会，1953 年联邦德国成立了人机工程学会，1957 年美国成立了人的因素协会（ HFS ）。到 20 世纪 60 年代，这一学科已在世界范围内普遍发展起来，1960 年建立了国际人机工程学协会（ IEA ），该学术组织为推动各国人机工程学的发展起了重大的作用。1961 年在斯德哥尔摩举行了第一次国际人机工程学会议，1962 年苏联的全苏技术美学研究所成立并建立了人机工程学学部，1963 年日本建立了人机工程学学会，同年法国也建立了人机工程学会。

3. 成熟期

现代人机工程学（20 世纪 60 年代至今）

背景：20 世纪 60 年代，欧美各国进入大规模的经济发展时期。在这一时期，由于科学技术的进步，人机工程学获得了更多的发展机会。例如，在宇航技术的研究中，提出人在失重情况下如何操作，在超重情况下人的感觉如何等新问题。又如原子能的利用、电子计算机的应用以及各种自动装置的广泛使用，使人、机关系更趋复杂。同时，在科学领域中，由于控制论、信息论、系统论和人体科学等学科中新理论的建立，在本学科中应用“新三论”来进行人机系统的研究应运而生。所有这一切，不仅给人机工程学提供了新的理论和新的实验场所，同时也给该学科的研究提出了新的要求和新的课题，从而促使人机工程学进入了系统的研究阶段。

特点：随着人机工程学所涉及的研究和应用领域不断扩大，从事本学科研究的专家所涉及的专业和学科也越来越多，主要有解剖学、生理学、心理学、工业卫生学、工业与工程设计、工作研究、建筑与照明工程、管理工程等专业领域。IEA 在其会刊中指出，现代人机工程学发展有以下三个特点：

（1）不同于传统人机工程学研究中着眼于选择和训练特定的人，使之适应工作要求；现代人机工程学着眼于机械装备的设计，使机械的操作不超出人类能力界限之外。

（2）密切与实际应用相结合，通过严密计划设定的广泛实验性研究，尽可能利用所掌握的基本原理进行具体的机械装备设计。

（3）力求使实验心理学、生理学、功能解剖学等学科的专家与物理学、数学、工程学方面的研究人员共同努力、密切合作。

现代人机工程学研究的方向是：把人—机—环境系统作为一个统一的整体来研究，以创造最适合于人的各种产品和作业环境，使人—机—环境系统和谐统一，从而获得系统的最优综合效能。

1.2.2 我国人机工程学研究与发展现状

在中国，人机工程学的研究在 20 世纪 30 年代开始即有少量和零星的开展。20 世纪 60 年代初，中国科学院、中国军事科学院等从事本学科中个别问题的研究，研究范围仅局限于国防和军事领域，为我国人体工学的发展奠定了基础。20 世纪 70 年代末，我国人机工程学研究进入较快的发展时期。1980 年 4 月，国家标准局成立了全国人类工效学标准化技术委员会，统一规划、研究和审议全国有关人类工效学基础标准的制定。1984 年，国防科工委成立了国家军用人—机—环境系统工程标准化技术委员会。此后在 1989 年又成立了中国人类工效学学会（CES），1995 年 9 月创办了学会会刊《人类工效学季刊》。20 世纪 90 年代初，北京航空航天大学首先成立了我国该专业的第一个博士学科点。

2009 年 8 月，在北京召开了第 17 届国际人类工效学学术会议。

目前，该学科的研究和应用已扩展到工农业、交通运输、医疗卫生以及教育系统等国民经济的各个部门。由此也促进了本学科与工程技术和相关学科的交叉渗透，使人机工程学成为既有深厚理论基础又有广泛应用领域的边缘学科。

在我国，人体工程技术研究真正兴起并有组织地进行，仅数十年的历史。当前，人体标准数据库、三维人体模型以及一些人机设计系统、评估系统已得到广泛应用。

虽然人体工程学在中国已有所进展，但是和发达国家相比还非常落后。事实上，在我国不仅是普通公众，即使是理工科的大学毕业生，也大都不太知道这门学科的意义所在。从中国专利局公布的专利授予可以看出，人类发明创造的很大一部分，都是关于如何使各种器具变得更省力和方便。随着我国科技和经济的发展，人们对工作条件、生活品质的要求也逐步提高，对产品的人体工程特性也会日益重视，一些厂商把“以人为本”的人体工学的设计作为产品的卖点，也正是出于对这种新的需求取向的意识。

1.2.3 发展中的人机工程学

人机工程学从诞生的最初，就决定了是一门涉及诸多学科的综合性学科，可以说凡是跟人类有关的事物就存在人机工程。就其发展来看，人机工程学往往是跟随着最先进的学科技术而前进的。当今计算机技术、信息技术、生命科学、心理学、工程科学和设计学等领域的迅速发展，为人机工程学提供了重要的理论和技术支持，也为人机工程学带来了许多新的研究领域。同时，人机工程学的研究对象从过去单一的人转向群体的人，从微观人机工程的研究转向以社会文化因素为代表的宏观人机工程的范畴。人机工程和设计的结合日益紧密，以人为中心的设计理念已经深入人心，并发展出一系列相关的设计研究领域，如交互设计、可用性工程等。

交互设计是一种将人体工程学、人机交互学及相关学科的研究成果运用到实际的产品设计领域的技术方法。涉及多个学科和多领域、多背景人员的沟通。根据其面向的对象的不同可分为两类：面向人的学科和面向机器的学科，而“交互”是这两类学科交叉的基础。人机工程学中最重要的三个要素是“人”、“机器”和“环境”，人机工程学中的交互设计就是要研究“环境”中的“人”和“机器”之间的交互问题，促进“人”、“机器”相互间更有效、更准确地交换信息。

随着对人体能力和局限的研究以及在产品设计中对人、机器、环境的进一步认识，人体工程的应用逐步走向了实用阶段。特别是在航天飞行器安全设计、汽车设计、家居环境设计、办公室空间设计等方面，人机工程已经成为设计是否成功的决定因素。

随着计算机技术，特别是计算机图形学、虚拟现实技术及高性能图形系统的发展，人们对人体工程的研究已经不是简单地局限在以数据积累和基于统计的简单应用范畴，而是要充分利用计算机的高性能图形计算能力建立基于 3D 的图形化、交互式、真实感，基于物理模型的虚拟环境设计评价与仿真验证平台。

1.3 课程的设计原则与评价标准

1.3.1 课程综述

课程背景：该课程是工业设计的重要基础知识与实验课程，是多学科综合的边缘学科，知识面广、理论性强。该课程一般在工业设计与艺术设计专业的大学一年级作为基础课开设，32~48 课时不等，2 学分。作为设计学科的通识课程，同时面向艺术与工科背景的学生开设。

课程定位：工业设计的重要基础知识与实验课程。

课程目的：掌握人机工程学的基本原理和方法，提高人机系统设计能力。

课程要求：人机工程学是工业设计、艺术设计等专业的重要基础理论课，它是一门多学科综合的边缘学科、知识面广、理论性强，学生初次接触本课程时，首先需要打好扎实的理论基础，了解人机工程学的基本理论体系。通过学习人体测量与应用，使学生了解人体尺度与设计之间的联系，掌握人机工程学的基本理论和基本方法，具备独立将人机工程学应用于产品、环境、建筑、室内设计中的能力。

课程重点：人机系统设计。

课程难点：实验控制与检测。

适用专业：工业设计、产品设计、环境设计、视觉传达设计、数字媒体设计、机械装备设计等。

教材内容：一是关于行为、动作与交互界面系统设计；二是关于感官、认知与交互界面系统设计；三是各类专题与特种类型的界面与界面系统设计。

教材使用方法：根据教学时数与专业方向的不同选择适用的知识点与课题实验项目。

教材特色：强调知识的系统性，通过系列实验进行科学发现与验证。

1.3.2 课程的设计原则

人机工程学作为一门应用性很强、具有多学科交叉性特点的课程，在课程教学中，一方面要系统地传授学生人机工程学的基本概念、理论、方法和技能，另一方面还要注重培养学生的综合运用知识和创新实践的能力。通过课程学习，明确应用人机工程学的目的，从而分清设计中的主要矛盾和次要矛盾，处理好人机因素和其他因素的关系，有能力在各种制约因素中，找到最佳的平衡点。而不是简单地照搬数据和图表。无论多么详尽的数据库也无法代替设计师的深入调查分析和亲身参与体验所获得的感受。

因此，在课程设计上采取基础理论——实验——应用实践——设计实践四个模块进行。

基础理论：是基础性教学内容。系统地传授基本概念、理论、方法和技能。这部分内容涵盖了学生必须了解、掌握的人机工程学基本的内容，以保证各专业学生都能达到掌握人机工程学基本概念、原理、方法和技能的教学要求，其特点是相对稳定、原理性强，但略显枯燥，在整个教学内容中约占 30%。

基础试验：通过与课程原理相关的试验，帮助学生建立对人机工程学的直观体验。实验教学以下列四类为主：① 错觉和知觉测试；② 反应时测定实验；③ 动作测定实验；④ 注意和记忆测定实验。在整个教学内容中约占 25%。图 1-11 为学生实验图片。

图 1-11 学生迷宫实验操作

应用实践：应用实践环节是在理论讲解、基础试验的基础上进行的，是对原理、实验的初步运用。要求学生认真观察周围的产品和环境，寻找人机工程学设计不合理的产品或系统，并分析其缘由，从中寻找设计的切入点和创意点，提出合理可行的改进方案。在整个教学内容中约占 25%。图 1-12 为学生开瓶操作观察调研图片。

图 1-12 观察产品使用方式，提升设计察觉力（选自《通用设计法则》/ 作者：[日] 中川聪）

设计实践：以项目、课题的方式呈现。在从设计调研、项目分析、设计过程到最终成果展示的过程中，使学生掌握人机工程学在设计不同阶段的切入点，锻炼他们综合分析问题与解决问题的能力，从而获得所需的知识和技能，通过设计不同环节的训练，让学生真正理解、掌握并学会运用人机工程学。在整个教学内容中约占 20%。

1.3.3 课程的评价标准

人机工程学采用过程考核和期末笔答考试相结合的方式进行考核。过程考核平时出勤、课堂参与、作业完成情况、课题设计和实验表现几个方面，对学生进行分类别、分层次、分步骤考查，使其都能体现在学生最终的成绩中；对于理论性较强的知识点和要点仍需进行期末闭卷笔答考试，考核目标分为识记、理解、分析和应用四个层次能力，通过编写课程大纲，对考试内容进行规范，提高对人机工程分析和灵活运用试题所占的比例，全面考核学生的综合能力。

1.4 附录

本节内容的设置为人机工程学课程考核说明、人机工程学课程考核成绩分析报告、人机工程学课程建议课时分配表，作为补充。

1.4.1 人机工程学课程考核说明

1. 考核方式

该课程属于专业必修基础课，以考查作为主要的考核方式。

依据学生出勤情况、课堂实验情况及作业情况，综合考查学生理论知识的掌握情况及知识的实际运用情况，注重学生的专业基础知识和应用方法的培养。

2. 考核内容

实验和作业：

（1）“人体测量操作”实验和“人体尺度与测评”作业：主要考查学生对人体测量的理解和认识，重点、难点在于方法和原则。

（2）“人体感知操作”实验和“人体感知与测评”作业：主要考查学生对人体感知的理解和认识，重点、难点在于定性和定量地观察和分析。

（3）“信息与信息传输操作”实验和“人机界面设计与测评”作业：主要考查学生对信息特征与传输特性的理解和认识，重点、难点在于观察和分析。

（4）“工作空间与环境的认知测评”实验：主要考查学生对人机界面与交互系统的理解和认识，重点、难点在于方法和原则。

3. 考核成绩计算方法（满分 100 分）

（1）出勤情况（10%）。

（2）实验完成情况（20%）。

（3）作业完成情况（70%）。

4. 考核评价标准

（1）按照课程要求，全程参加课程全部内容的学习和实践。

（2）了解相关概念、含义和基本的数据方法。

（3）学习过程中善于发现问题，提出问题，并与老师、同学交流沟通，相互学习。

（4）能够按规定步骤完成实验和作业，达到相关要求，并按时提交作业。

（5）作业表达清晰、准确，过程详细、完整。

1.4.2 人机工程学课程考核成绩分析报告

1. 整体分数情况概述（表 1-1）

整体分数情况表 表 1-1

分数段	人数	人数占总体比例
95 分以上		%
90~94 分		%
85~89 分		%
80~84 分		%
79 分以下		%
合计		%

2. 成绩分析

（1）在课堂问答、讨论、评析的过程中能够独立思考、积极主动地参与并表达个人见解，平时成绩优良。

（2）实验过程的失分，主要的问题在于大多数同学按部就班地完成了实验，但不习惯用专业的眼光去理解实验的方法、作用和意义，过程中表现得比较被动。

（3）作业的主要失分点在于对过程的控制和记录、表达的准确与完整等方面尚有待提高。

3. 改进及启示

（1）在课堂交流与实验过程中增强参与的主动性，完善实验设备与条件。

（2）应该强调严谨、科学地去认知人机工程学和设计的关系，着重关注方法和原则。

（3）应考虑大一新生零基础的设计素养与技能的现状，教学过程中应以引导、鼓励为主，尤其对作业的效果不可要求过高、求全责备。

1.4.3 人机工程学课程建议课时分配表

见表 1-2、表 1-3。

课程：人机工程学

院、系：

专业：

年级班号：

人机工程学课程建议课时分配表　　表 1-2

时　数	总时数	讲课	习题课	实验	实践	设计	考试	考查
教学计划上时数	32	24		8				
实给时数	32	24						

人机工程学建议教学内容与课时分配表　　表 1-3

周次	教学内容与课时分配			
	讲课时数	实验时数	教学内容（分章、题目名称和大型作业）名称	备注
1	2	2	1. 绪论 2. 人体测量与数据应用 实验：人体测量操作；作业 1　人体尺度与测评（解析）	
2	4		2. 人体测量与数据应用 作业 1　人体尺度与测评（讨论）	
3	2	2	3. 人体感知觉及其设计应用 实验：人体感知操作；作业 2　人体感知与测评（解析）	
4	4		3. 人体感知觉及其设计应用 作业 2　人体感知与测评（讨论）	
5	2	2	4. 人机界面设计 实验：信息与信息传输操作；作业 3　人机界面设计与测评（解析）	
6	4		4. 人机界面设计 作业 3　人机界面设计与测评（讨论）	
7	4		4. 人机界面设计 作业 3　人机界面设计与测评（讨论） 5. 工作空间与环境	
8	2	2	5. 工作空间与环境 实验：工作空间与环境的认知测评	

02

第 2 章　设计课题与实验

第2章 设计课题与实验

2.1 人的行为与动作

1. 人的动作与行为

人体构造与机能是人的动作与行为产生的生理基础。其中运动系统是人体完成各种动作和从事生产劳动的器官系统，由骨、关节和肌肉三部分组成。人体的动作可以用灵活性与准确性来评价。动作的灵活性是指操作时的动作速度与频率，动作的准确性可从动作形式（方向和动作量）、速度及力量三个方面考察。这三个方面配合恰当，动作才能与客观要求相符合，才能准确。

2. 常规与习惯

从专业的动机心理学角度看，人的日常行动通常可以分为以下四种：感知行动、思维行动、意志行动、体力技能行动。在日常生活和工作中存在许多常规的、习惯性的动作和行为。人的动作与行为一旦变成了习惯，就会成为常规需要和后天的本能，具有相对的稳定性和自动化。不需要监督、提醒，也不需要意志控制，是一种省时省力的自然动作，也就是平常说的“习惯成自然”。

无论视觉设计、产品设计，还是空间环境设计，人的常规、习惯动作是首先要把握的。例如，日常生活与工作中，许多物品、工具或空间的比例和尺度在设计实践中已经形成了常识和规范，这些常识和规范主要是以人机工程学所提供的参数为基准的，包括常规的、习惯性的人体静态和动态尺度。也有一些参数需要根据设计目的进行专项的测量与提取。

3. 操作与使用

用户为了完成各种任务采取的有目的行动又被称为操作与使用，操作与使用是一个简单或复杂的过程，可以形成一个过程模型或任务模型，在此基础上又生成行动模型。人的行动模型主要内容是用户使用产品或工具完成各种任务的行动过程。

为实现人体动作良好的灵活性与准确性，在进行操作与使用方式、尺度与形态设计时，不仅应当考虑它们各自的适用性，同时也必须考虑它们彼此配合的一致性，就是相合性，包括位置相合性、运动相合性和概念相合性等。

另外，人在操作与使用过程中会存在错误与疲劳。其中人为错误是指违背设计和操作规程的错误行为。实践证明，由于人的失误导致的灾害事故占有相当大的比例。因此，必须重视和认真研究人在作业中容易发生差错的原因，从而找出防止失误的措施，提高人机系统的安全性。出错的表现形式有感觉不真实、注意失效、记忆失误、不准确的回忆、错误感知、判断错误、推理出错等。在操作与使用过程中的疲劳是一种人体的生理状态，表现出机能衰退、能力下降，有时伴有疲倦感等主观症状的现象。过度疲劳会提高事故发生率，甚至造成人身与财产损失。从人机工程学的角度考虑降低疲劳度的措施包括：提高操作与使用的自动化水平，选择正确的行为模式与动作姿势，合理的用力方法，避免单调重复动作与行为。

2.1.1 课题1 常规与习惯

基础知识

1. 人体测量的分类

人体测量是用测量的方法来研究人体特征，并得出有关数据。这些数据为人机系统中的设计提供依据，以便使整个人机系统中的人与机器能够合理匹配。按人体所处的状态分类，人体测量可分为静止形态参数测量和活动范围参数测量。

（1）静止形态参数的测量：静止形态参数是指人在静止状态下，对人体形态进行各种测量得到的参数。其主要内容有：人体尺寸测量、人体体形测量、人体体积测量等。静态人体测量可采用不同的姿势：主要有立姿、坐姿、跪姿和卧姿。

（2）活动范围参数的测量：活动范围参数是指人在运动状态下肢体的活动范围。肢体活动范围主要有两种形式，一种是肢体活动的角度范围，另一种是肢体所能得到的距离范围。通常，人体测量图表资料中列出的数据都是肢体活动的最大范围，在产品设计和正常工作中所考虑的肢体活动范围，应当是人体最有利的位置，即肢体的最优活动范围，其数值远小于这些极限数值。

2. 测量方法与仪器

（1）人体测量的方法

在国标 GBT 5703—2010《用于技术设计的人体测量基础项目》中，对人体测量基础项目与测量方法作了规定。

（2）人体测量的主要仪器

1）人体测高仪（图 2-1）

它主要是用来测量身高、坐高、立姿和坐姿的眼高以及伸手向上所及的高度等立姿和坐姿的人体各部位高度尺寸。GB/T 5704.1—1985 提供了人体测高仪的技术标准。

2）人体测量用直角规（图 2-2）

它是用来测量两点间的直线距离，特别适宜测量距离较短的不规则部位的宽度或直径，如测量耳、脸、手、足等部位的尺寸。GB/T 5704.2—1985 提供了直角规的技术标准。

3）人体测量用弯角规（图 2-3）

它是用于不能直接以直尺测量的点间距离的测量，

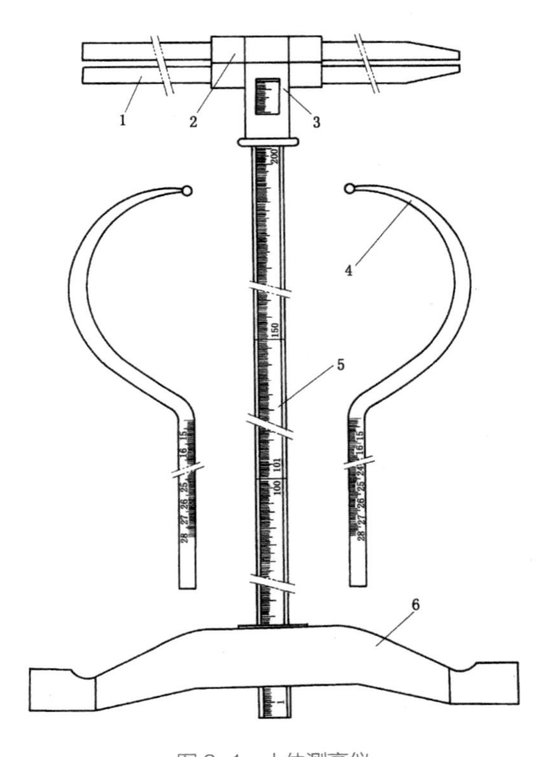

图 2-1 人体测高仪

如测量肩宽、胸厚等部位的尺寸。GB/T 5704.3—1985 提供了弯角规的技术标准。

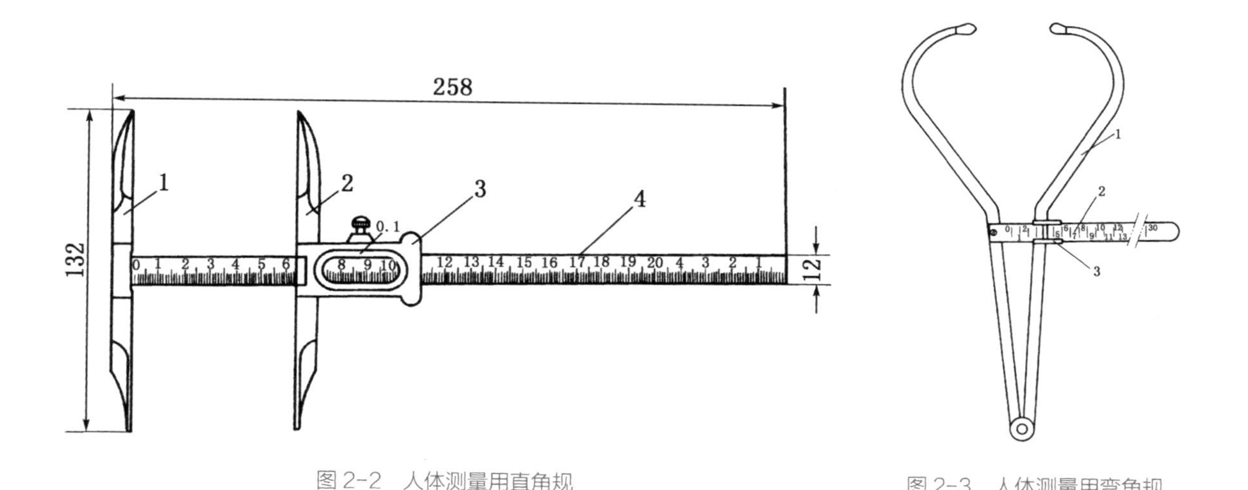

图 2-2　人体测量用直角规

图 2-3　人体测量用弯角规

（3）人体测量的意义

人体测量通过对某一地区、某一种族或某一群体进行人体各个部分尺寸的测量调查，获取大量的人体数据，来确定个体之间和群体之间在人体尺寸上的差别，用以研究人的形态特征，从而为各种工业设计和工程设计提供人体测量数据。为使各种与人体尺寸有关的设计能符合人的生理特点，让人在使用时处于舒适的状态和适宜的环境之中，就必须在设计中充分考虑人体的各种尺度。

（4）常用人体测量数据

1）成人、未成年人、残疾人人体尺寸

国标 GB 10000—88《中国成年人人体尺寸》、国标 GBT 26158—2010《中国未成年人人体尺寸》提供了我国成年人、未成年人人体尺寸的基础数值。

2）老年人人体尺寸

老年人方面的人体尺寸研究，历来都是比较少的。现代社会中，生活条件得到改善，医疗设施得到完善，人的寿命增加，当今世界许多国家都已经进入人口老龄化阶段。所以，在老年人方面的问题越来越多，也有越来越多的数据有待完善，需要进行更多的测量与分析，而不应让老年人生活在成人的世界里，适应成人的生活。据老年医学研究，人在 28~30 岁时身高最大，35~40 岁之后逐渐出现衰减，这主要因为椎间盘萎缩变扁，椎体疏松变扁，脊椎弯曲度加大。据统计，我国 60~80 岁老年男性身高平均下降约 1.9%，而 60~80 岁的老年女性平均身高下降约 4.0%，运用这些老年人身高的降低率可以近似推算出老年人身体在高度方面的部分人体尺寸。

基础实验

1. 实验名称

人体测量基础数据的采集实验

2. 实验目的

了解人体测量的主要测量内容；学习人体测量工具的使用方法；认识人体测量的意义。

3. 实验课时安排

2 课时

4. 实验内容与流程

（1）人体测量实验

人体测量实验的测量内容如图 2-4 所示。

1）人体尺寸测量（单位：mm）

①身高；②体重（kg）；③上臂长；④前臂长；⑤大腿长；⑥小腿长。

2）立姿人体尺度测量（单位：mm）

①眼高；②肩高；③肘高；④手功能高；⑤胫骨点高。

3）坐姿人体尺寸测量（单位：mm）

①坐高；②坐姿颈椎点高；③坐姿眼高；④坐姿肩高；⑤坐姿肘高；⑥坐姿大腿厚；⑦坐姿膝高；⑧小腿加足高；⑨坐深；⑩臀膝距；⑪坐姿下肢长。

4）人体水平测量（单位：mm）

①胸宽；②胸厚；③肩宽；④最大肩宽；⑤臀宽；⑥坐姿臀宽；⑦坐姿两肘间宽；⑧胸围；⑨腰围；⑩臀围。

（2）人体尺寸测量与数据推算实验

测量眼高、肩高、肘高、中指肩高、最大肩宽、上臂长、前臂长、手长、足长、两臂展宽、指尖举高、坐高、下肢长的人体尺寸数据，再通过推算的公式计算出这些数据，比较这些测量数据与推算数据之间的差距，并且思考产生差距的原因。

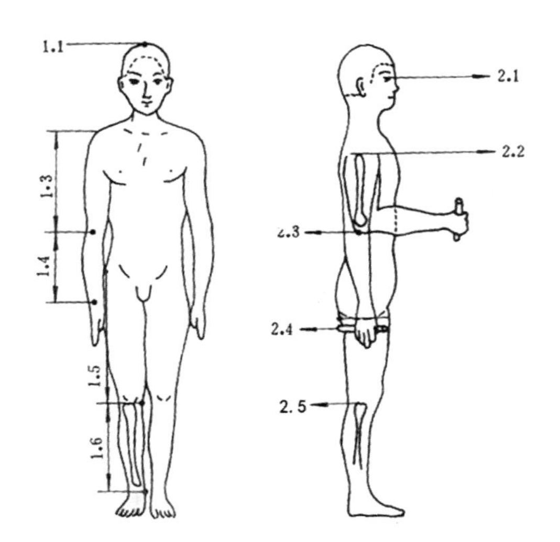

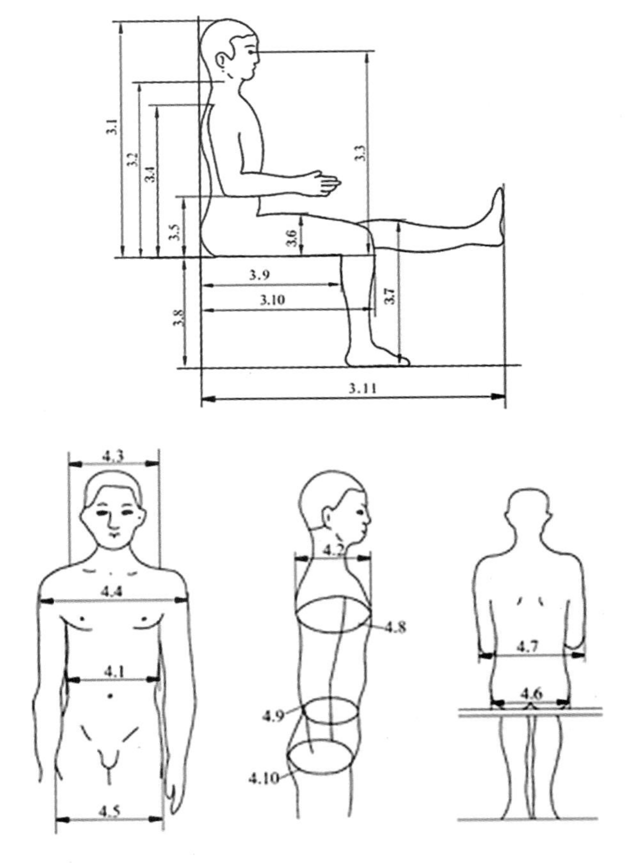

图 2-4　人体测量实验内容图示

5. 实验器材

（1）身高计

（2）体重计

（3）人体测量尺

人体测量尺包含：直角规、马丁尺、指间距测量尺、足长测量尺、卷尺、加长杆（图 2-5）。

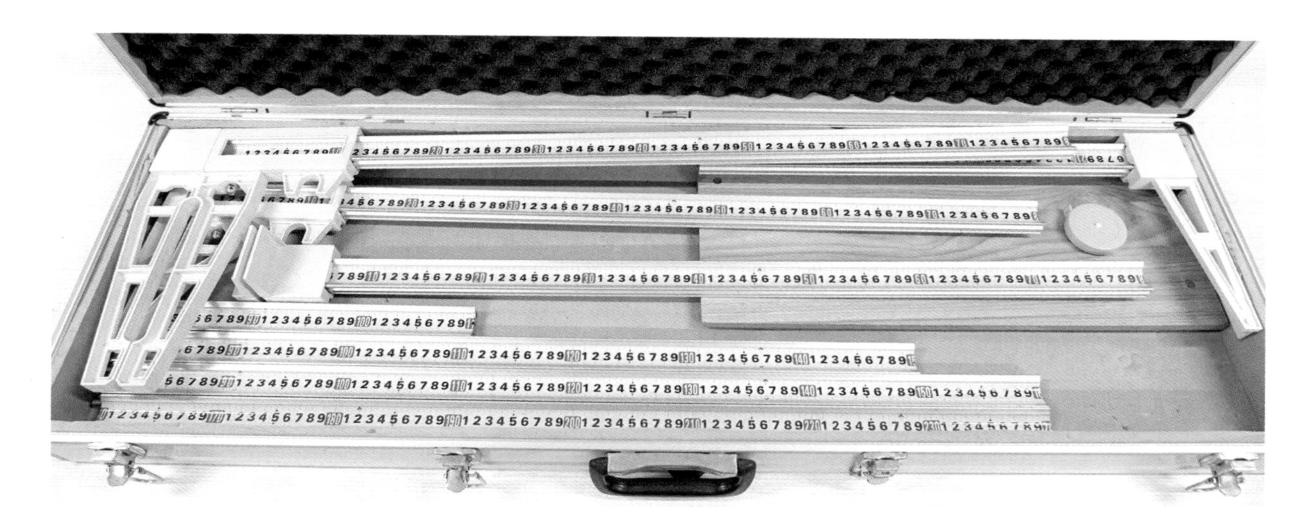

图 2-5　人体测量尺示意图

人体测量尺的测量内容与规格见表 2-1。

人体测量尺的测量内容与规格　　**表 2-1**

名称	数量	图片	测量内容	规格
直角规	1		肩宽、骨盆宽、胸宽、胸厚等	最大测量长度 800mm
马丁尺	1		大腿长、小腿长、跟腱（阿基里斯腱）长等	可加加长杆，最大测量长度 1370mm

续表

名称	数量	图片	测量内容	规格
指间距测量尺	1		臂展、身长等	可加加长杆，最大测量长度 2260mm
足长测量尺	1		足长、足宽	最大测量长度 415mm
加长杆	4		辅助加长	长度分别为 800~1100mm; 800~1500mm; 800~1600mm; 160~2400mm
卷尺	1		腰围、胸围、臀围等	最大测量长度 1500mm

人体测量尺使用注意事项：

1）注意人体测量尺内加长杆安装与使用安全。

2）注意人体测量尺内马丁尺、直角规、指间距测量尺之间用途的区别。

3）注意测量数据单位与估读。

4）交叉使用实验器材，两人以组内结组形式，相互协助完成实验。

6. 实验结果评析

（1）人体测量实验结果

表 2-2 展示的是一名同学的测量数据。

人体测量实验结果　　表 2-2

1 人体尺寸测量 /mm		
01	身高	1630
02	体重（kg）	55
03	上臂长	315
04	前臂长	260
05	大腿长	340
06	小腿长	300
2 立姿人体尺度测量 /mm		
01	眼高	1480
02	肩高	1290
03	肘高	980
04	手功能高	705
05	胫骨点高	409
3 坐姿人体尺寸测量 /mm		
01	坐高	840
02	坐姿颈椎点高	651
03	坐姿眼高	719
04	坐姿肩高	561
05	坐姿肘高	228
06	坐姿大腿厚	102
07	坐姿膝高	489
08	小腿加足高	346
09	坐深	—
10	臀膝距	—
11	坐姿下肢长	—

续表

4 人体水平测量 /mm		
01	胸宽	239
02	胸厚	219
03	肩宽	224
04	最大肩宽	365
05	臀宽	305
06	坐姿臀宽	291
07	坐姿两肘间宽	370
08	胸围	860
09	腰围	719
10	臀围	945

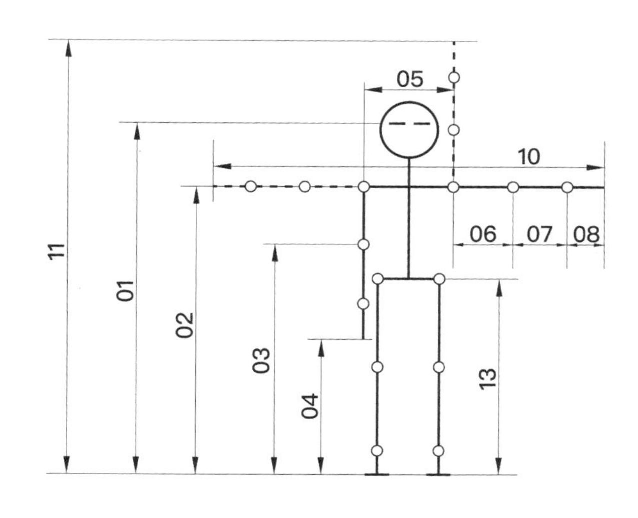

图 2-6　人体各个部位相对于身高 H 的比例

（2）人体尺寸测量与数据推算实验结果

正常人的人体各部分之间存在着一定的比例关系。近年来，有研究通过对已测数据和一些调查数据的统计、分析、比较，归纳出了一些能表达人体各主要参数间相互关系的经验公式。由于人体测量所需样本甚大，调查测量过程复杂、周期长，在无法直接获得具体测量数据的情况下，运用这些经验公式，来计算人体相关尺寸，供工业或建筑所用，是比较方便和实用的。但是，通过间接计算所得出的数据均为近似值，与直接测量的数据比较有一定误差。因此，将这些近似数据应用于设计时，必须考虑它们是否满足设计要求。

人体各部分尺度的计算，常以身高作为基本参数。设中国成年人身高为 H(cm)，人体各个部位相对于身高 H 的比例如图 2-6 所示。将人体各部分尺寸的测量数据填入人体尺寸测量与数据推算实验结果表，比较测量数据与推算数据之间差距，并思考产生差距的原因。

表 2-3 展示的是一名同学的实验测量数据。

人体尺寸测量与数据推算实验结果表 **表 2-3**

标号	项目	测量数据 /mm	男	女	推算数据 /mm
01	眼高	1480	0.93H	0.93H	1515.9
02	肩高	1290	0.81H	0.81H	1320.3
03	肘高	980	0.61H	0.61H	994.3
04	中指肩高	603	0.38H	0.38H	619.4
05	最大肩宽	365	0.22H	0.22H	35.86
06	上臂长	315	0.19H	0.18H	293.4
07	前臂长	260	0.14H	0.14H	228.2
08	手长	163	0.11H	0.11H	179.3
09	足长	211	0.15H	0.15H	244.5
10	两臂展宽	1615	1.10H	0.99H	1613.7
11	指尖举高	201	1.26H	1.25H	2037.5
12	坐高	840	0.54H	0.54H	880.2
13	下肢长	920	0.52H	0.52H	847.6

测量数据与推算数据产生差距的原因（学生实验报告总结）：

1）因实验数据测量受衣服厚度等外界因素影响，需要做数据修正，但修正不准确从而导致误差。

2）人的身体构造的具体长度存在个体差异，导致测量数据与推算数据产生差距。

3）人在静态测量与动态测量时，数据是不同的，在测量过程中也存在操作不规范导致的误差。

4）对人体结构不熟悉，不能准确对人体尺寸进行测量，从而导致误差。

2.1.2 课题 2 操作与使用

应用实验

实验 1

1. 实验名称

门的安全与功能、舒适与效率的尺度测绘实验

2. 实验目的

探究产品尺度的选择与满足安全需要、满足功能需求之间的关系；探究产品尺度的选择与满足舒适性需求、提高效率之间的关系。

3. 实验项目

（1）家居环境

房门、卫生间门、厨房门、卧室门

（2）公共环境

1）公共卫生间、通道（走廊）、安全通道（消防通道）（考虑单双门情况）

2）地铁车厢门、公共汽车门、电梯门、银行 ATM 机的安全门（考虑单双门情况）

4. 实验要求、内容与流程

（1）门尺度的测绘内容：不同门（通道）的尺度（高度、宽度）；人通过门时人与门的尺度关系。

（2）探讨不同门的高度、宽度，与人体尺寸（身高、最大肩宽）之间的关系。人体尺寸数据参考国标 GB/T 10000—1988《中国成年人人体尺寸》。

（3）探究满足人安全通过需求的门的最小尺度应如何确定（查找相关人机工程学图书）；探究不同门的功能与尺度之间的关系；探究门的通过效率与尺度之间的关系。

（4）通过测绘过程，探究不同门的安全尺度、功能尺度、舒适尺度、效率尺度，四组数据的范围。

（5）采用手绘速写形式将测绘数据记录下来（A3 纸）。

5. 示例

家居环境门测绘（图 2-7、图 2-8 为学生作业）

家居环境门测绘（图 2-9、图 2-10 为学生作业）

公共环境门测绘（图 2-11 为学生作业）

以上示例，由于测绘现场条件和测绘工具的局限，导致采集的数据不是很精确。人体尺寸与门的尺寸之间的关系体现得不明显。对不同门的尺寸差距与门的使用场景之间的关系分析较少。

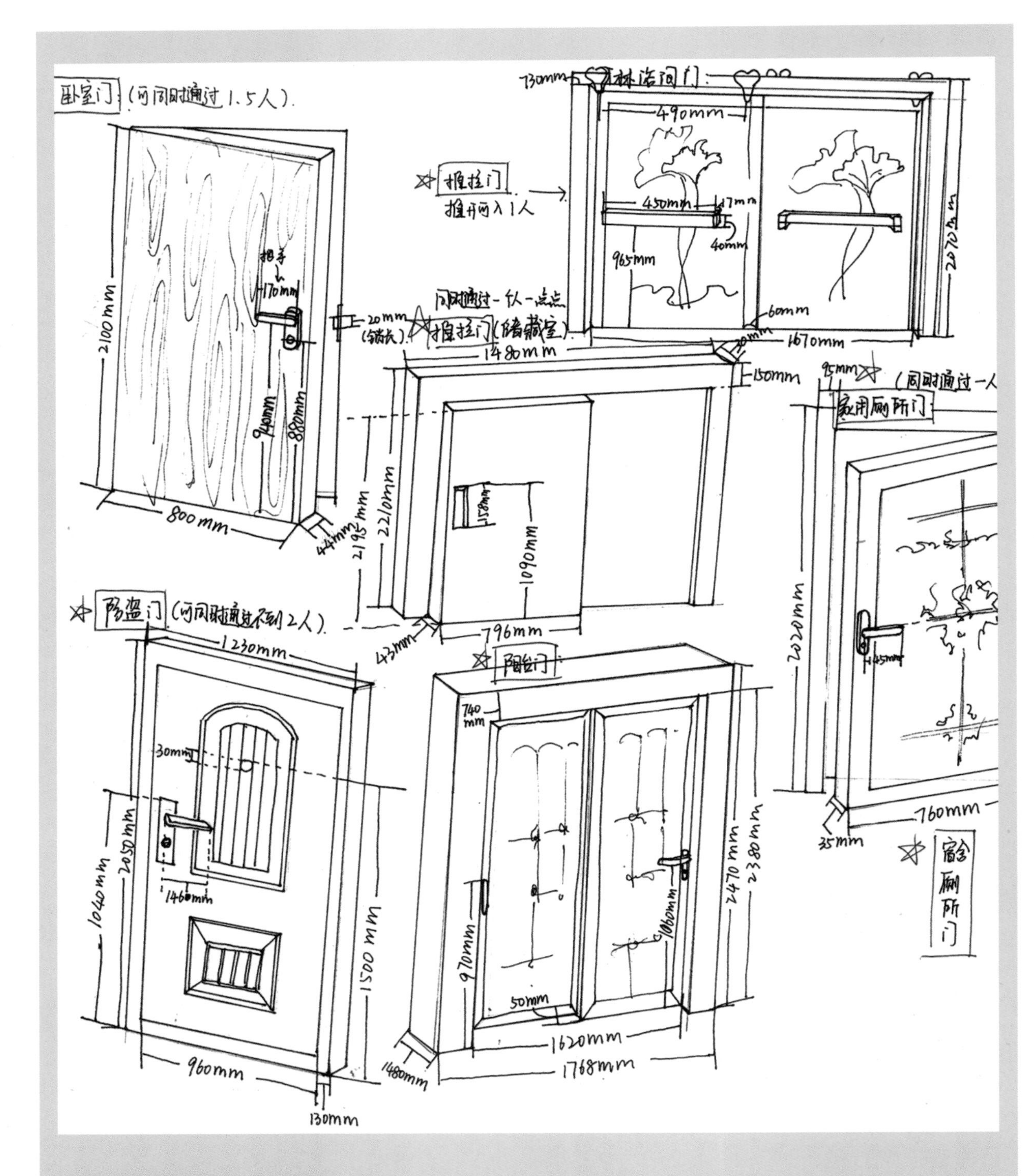

采用手绘速写形式将测绘数据记录下来

查阅相关的人机尺寸数据（参考图标）

图 2-7　家居环境门测绘学生作业 1（设计者：张玥盈、丁文路 / 指导：于帆）

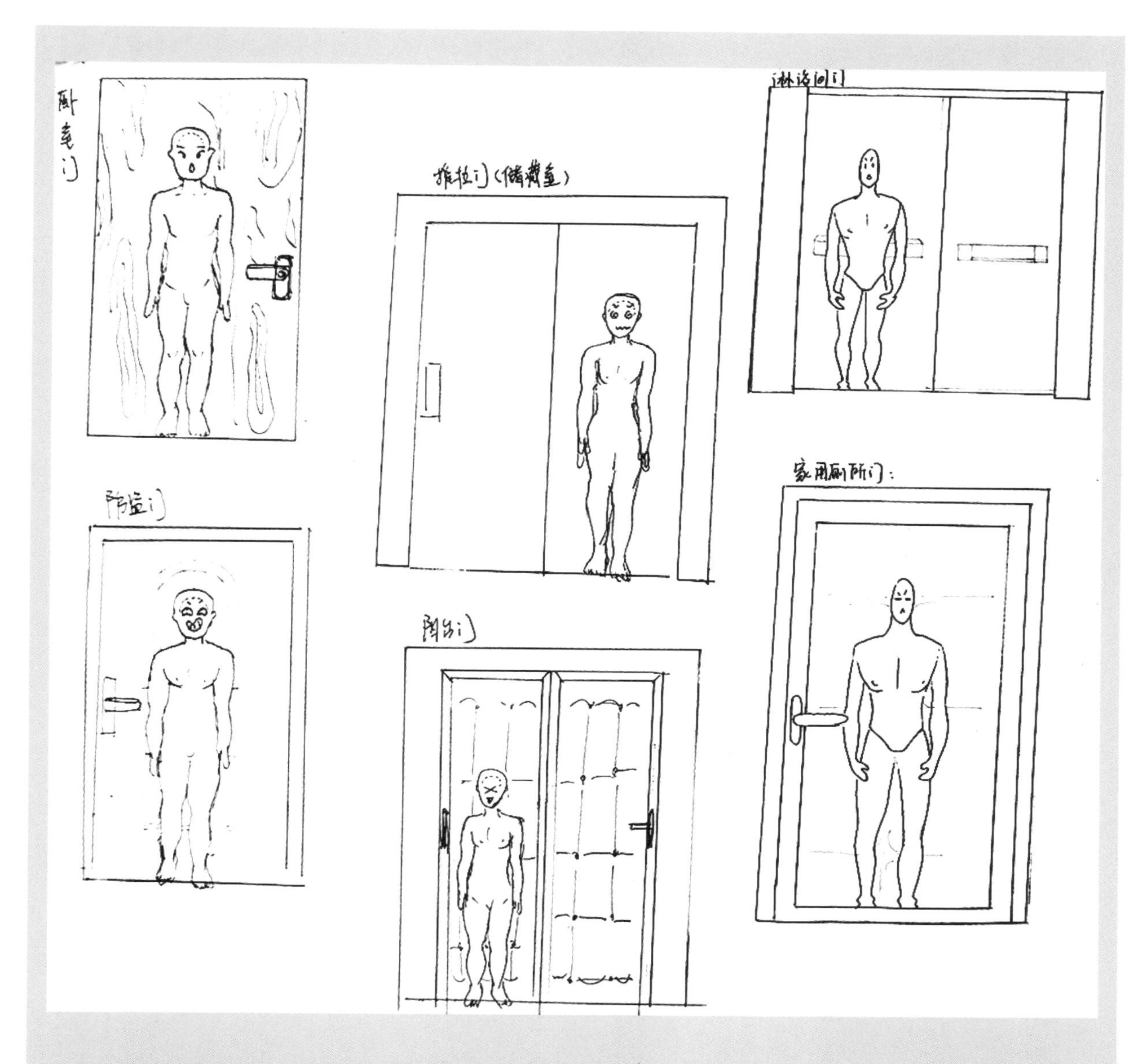

1. 探讨不同门宽度、高度与人体尺度（身高、肩宽）之间的关系
2. 满足人安全通过的门的最小尺度
3. 探索不同的门的功能与尺度之间的关系
4. 探索不同的门的通过效率与尺度之间的关系
5. 心理安全尺度的影响

图 2-8　家居环境门测绘学生作业 2（设计者：张玥盈、丁文路 / 指导：于帆）

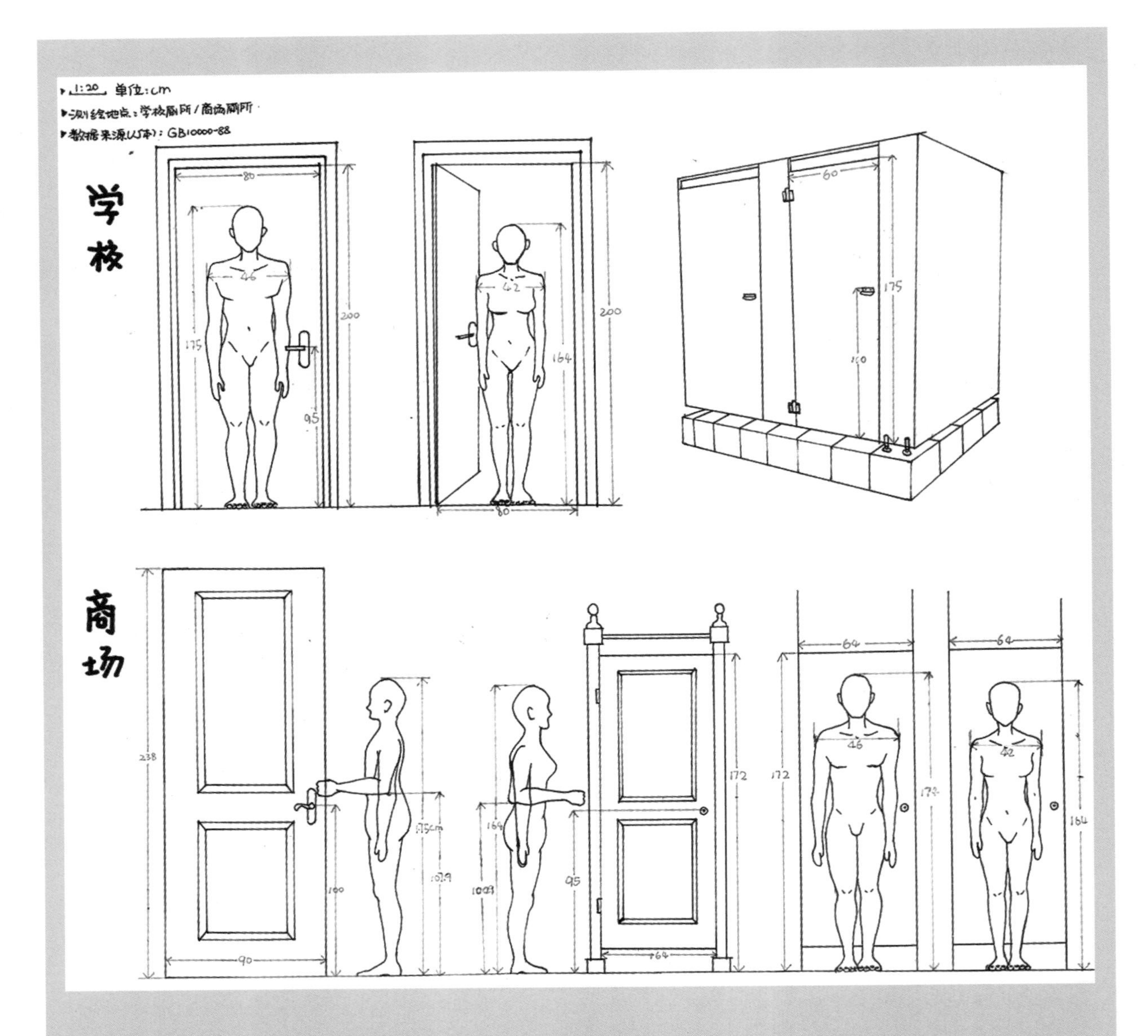

1. 学校厕所外门高 200cm（99% 的男性身高低于 181cm，99% 的女性身高低于 169.7cm）
门宽 80cm（99% 的男性最大肩宽低于 48.6cm，99% 的女性最大肩宽低于 45.8cm）
因此人们可以安全通过。
2. 厕所里门宽度更窄（60cm），仍大于 99% 的女性最大肩宽。
3. 门把手位置高度约在 95~100cm 范围之内，符合 90% 男性肘高 107.9cm，90% 女性肘高 100.9cm。
把手高度在人体舒适尺度内。

图 2-9 公共环境门测绘学生作业 1（设计者：陈文丽、王继林 / 指导：于帆）

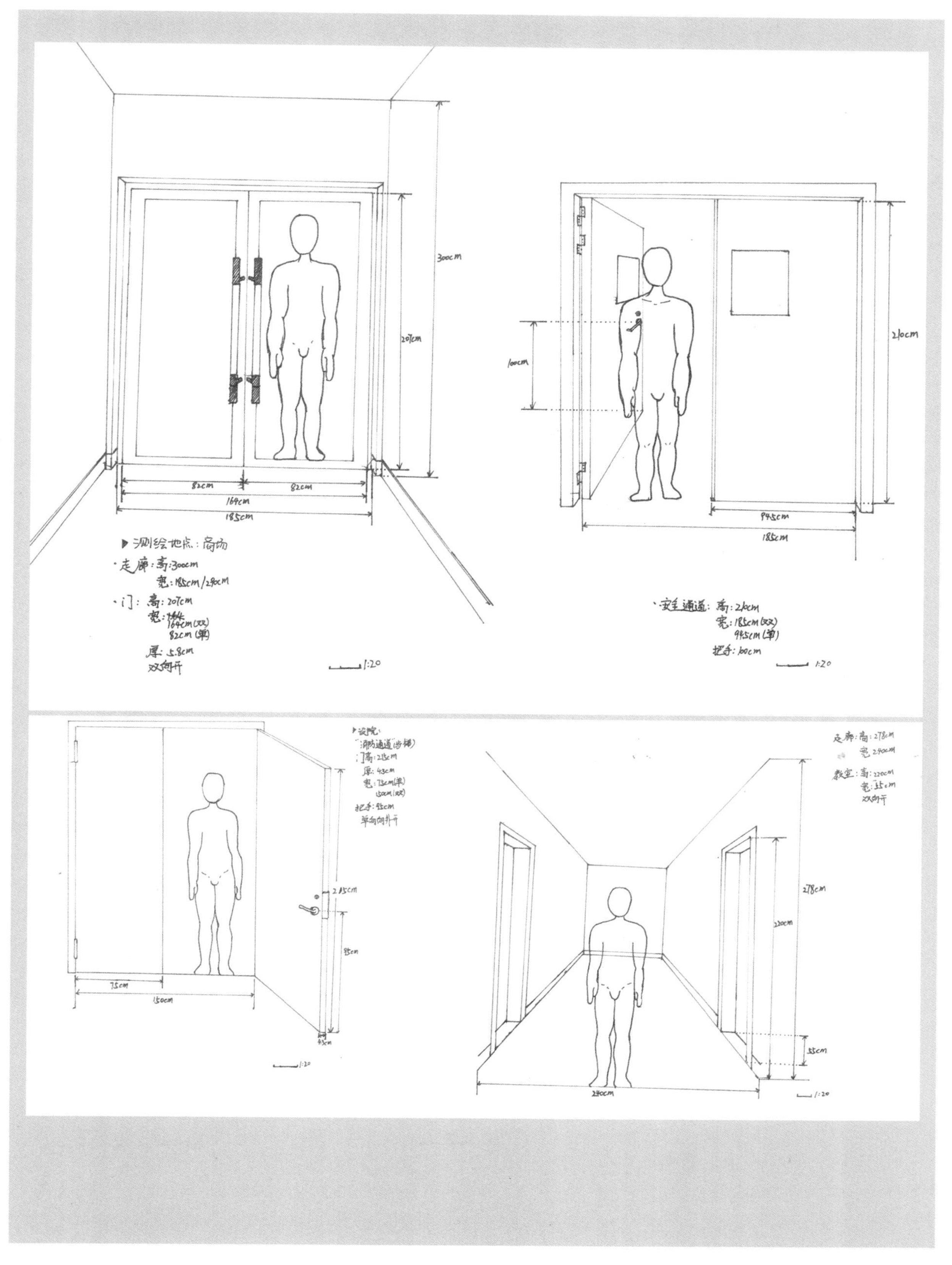

图 2-10　公共环境门测绘学生作业 2（设计者：陈文丽、王继林 / 指导：于帆）

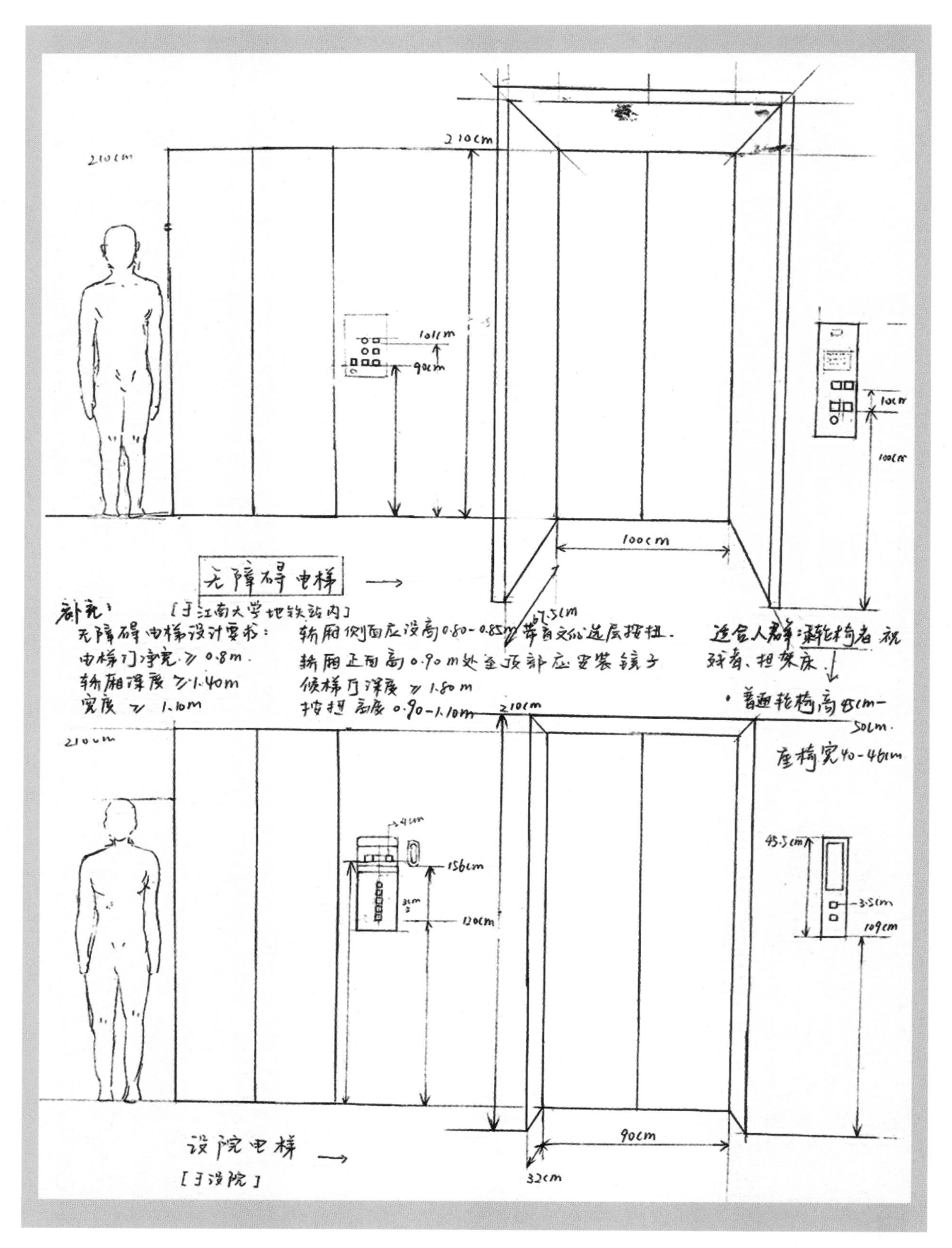

图 2-11 公共环境门测绘学生作业 3（设计者：韦一、刘东阳 / 指导：于帆）

实验 2

1. 实验名称

特殊人群的安全与功能、舒适与效率的尺度测绘实验

2. 实验目的

探究产品尺度的选择与满足安全需要、满足功能需求之间的关系；探究产品尺度的选择与满足舒适性需求、提高效率之间的关系。

3. 实验项目

（1）产品尺度测绘——儿童剪刀

（2）产品尺度测绘——老年人手持遥控器

4. 实验要求、内容与流程

（1）测绘儿童剪刀的刀刃长及手柄的长、宽尺寸数据，测绘老人手持遥控器的长、宽、厚尺寸数据。

（2）测绘产品均为手持产品，主要以手部的人机尺寸关系为主。了解人体手部的生理特征与尺寸（儿童、老人的手部特征）（查找相关人机工程学图书）。

（3）探究儿童剪刀的尺度与儿童使用安全之间的关系；儿童剪刀的尺度与使用舒适性的关系。探究老年人手持遥控器的尺度与使用舒适度的关系。

（4）探究儿童剪刀、老年人手持遥控器的安全尺度、功能尺度、舒适尺度，效率尺度四组数据的范围。

（5）以照片形式将整个测绘过程记录下来，可在产品图片上标注尺寸。

5. 示例

儿童剪刀测绘（图 2-12、图 2-13 为学生作业）

老年人手持遥控器测绘（图 2-14~ 图 2-16 为学生作业）

以上示例中，儿童手部、老年人手部的尺度数据不够完整。儿童剪刀与老年人遥控器动态操作尺度数据不完整。因此两组数据间的比对与相关性分析也就不充分，导致问题暴露不足，影响后续的评价和判断。

儿童剪刀测绘

CHILDREN'S

SCISSORS MAPPING

测量项目（一）

静态测量：

小孩的手长、手宽、拇指长、食指长

（以4~6岁儿童为测量对象）

剪刀的刀刃长

手柄长与宽

不同年龄段儿童的手持剪刀姿势演变

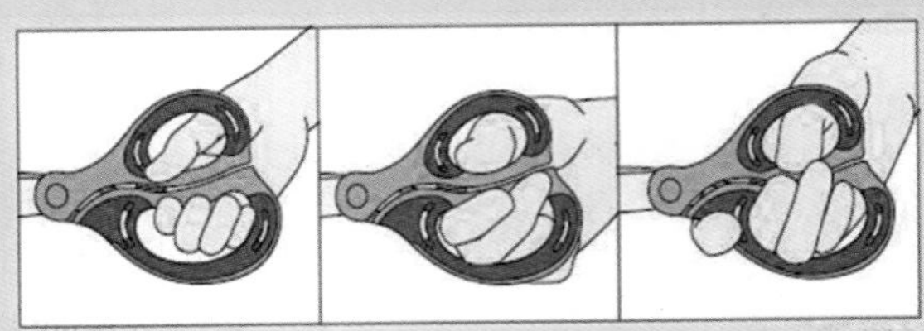

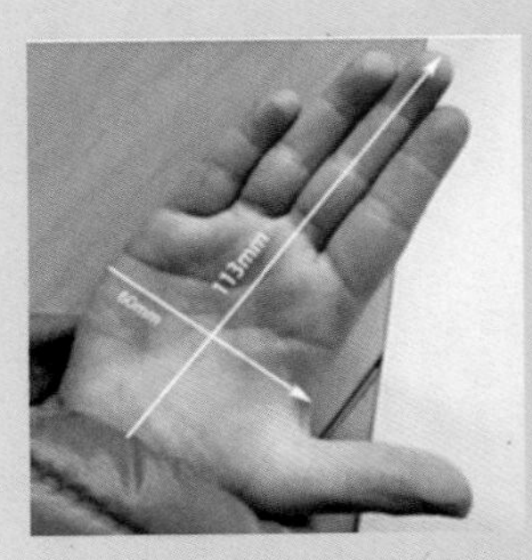

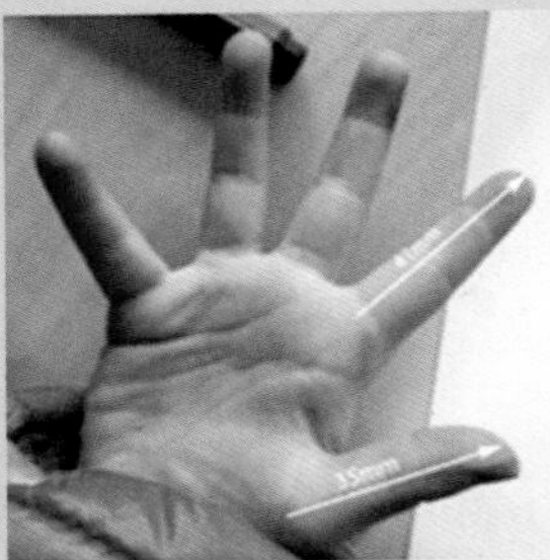

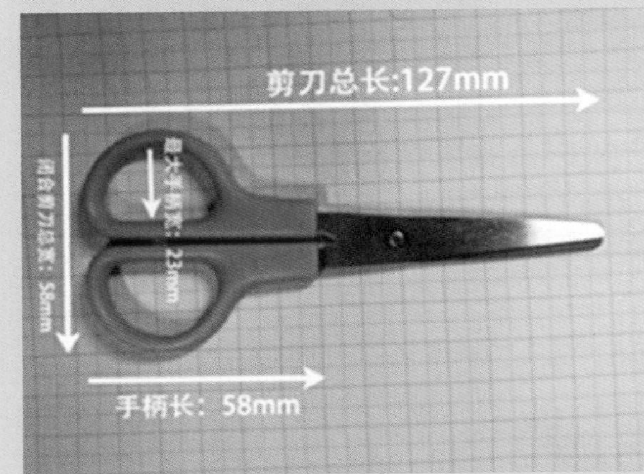

测量项目（二）

动态测量：

拇指和食指的最大张开角度

图2-12　儿童剪刀测绘学生作业1（设计者：黄家玫、周佳新、唐嘉明/指导：于帆）

分析对比（一）

将对儿童的手部测量结果与国标数据进行比较，并探讨剪刀的尺寸与儿童是否相适应。

4~6 岁未成年男子人体尺寸百分位数 **单位：mm**

测量项目		百分位数										
		P1	P2.5	P5	P10	P25	P50	P75	P90	P95	P97.5	P99
手部测量项目												
62	手长	106	108	110	113	118	123	130	135	139	143	153
63	手宽	51	52	53	54	56	59	61	64	65	66	68
64	拇指长	31	33	34	35	37	39	42	44	45	46	50
65	食指长	40	41	42	43	45	48	51	53	55	56	60

1. 手柄宽度

测试儿童手指宽度约为 10mm，因此剪刀手柄宽度应大于 10mm。

2. 剪刀总长（刀刃长加手柄长）

该剪刀总长为 127mm，与使用者手长相比长了 14mm，从安全尺度上来说，对于我们的测试者不太合适。

3. 刀刃与手柄

按照标准制作的剪刀，刀刃与刀柄的长度比例应集中在 1：1~1：1.5 之间，测量剪刀比例为 1：1.18，在标准范围内，从功能尺度上来说，设计合理。

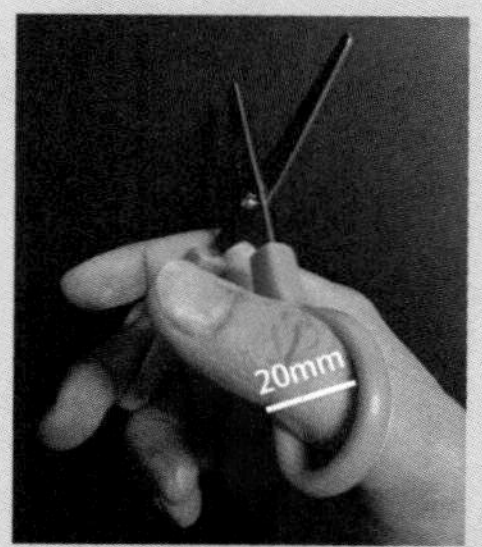

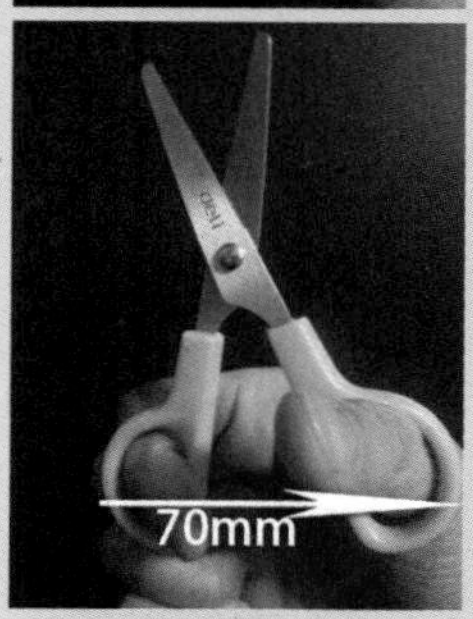

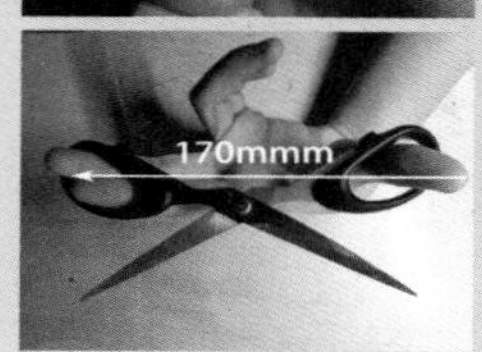

分析对比（二）

通过成年人使用儿童剪刀来探讨儿童剪刀尺度的特殊性。

1. 手柄长度

手柄长度较成年人手的宽度要短 1/3 左右，成年人使用时较为局限，易压迫手指。

2. 手柄宽度

成年人手指宽度约为 20mm，在儿童剪刀手柄中难以活动。

3. 手柄开合度

成年人测量者握着成人剪刀时张开拇指和食指的最长距离为该剪刀的最大张开度 170mm。而小孩使用时只能张开大约 70mm，即儿童剪刀的最大张开度，故成年人在使用儿童剪刀时手部会较为限制，不利于提高工作效率。

测绘结果

故最终得出兼顾安全、功能、效率、舒适的尺度：手柄长根据手宽大致确定为 60mm，再根据剪刀刀刃与手柄之间的合理比例为 1：1~1：1.5 的比例关系（因为这样可以使得剪刀整体施重均匀，而不会头重尾轻，或者头轻尾重），得出刀刃长为 60~90mm。手柄宽度：由于小孩手指宽度为 10mm 左右，而标准宽度范围为 5~15mm，故宽度为 11~15mm。

图 2-13 儿童剪刀测绘学生作业 2（设计者：黄家玫、周佳新、唐嘉明 / 指导：于帆）

老年人手持遥控器测绘

测绘目的

1. 探究老年人手持遥控器的尺度与使用舒适度之间的关系。
2. 探究产品尺度的选择与满足舒适性需求、提高效率之间的关系。

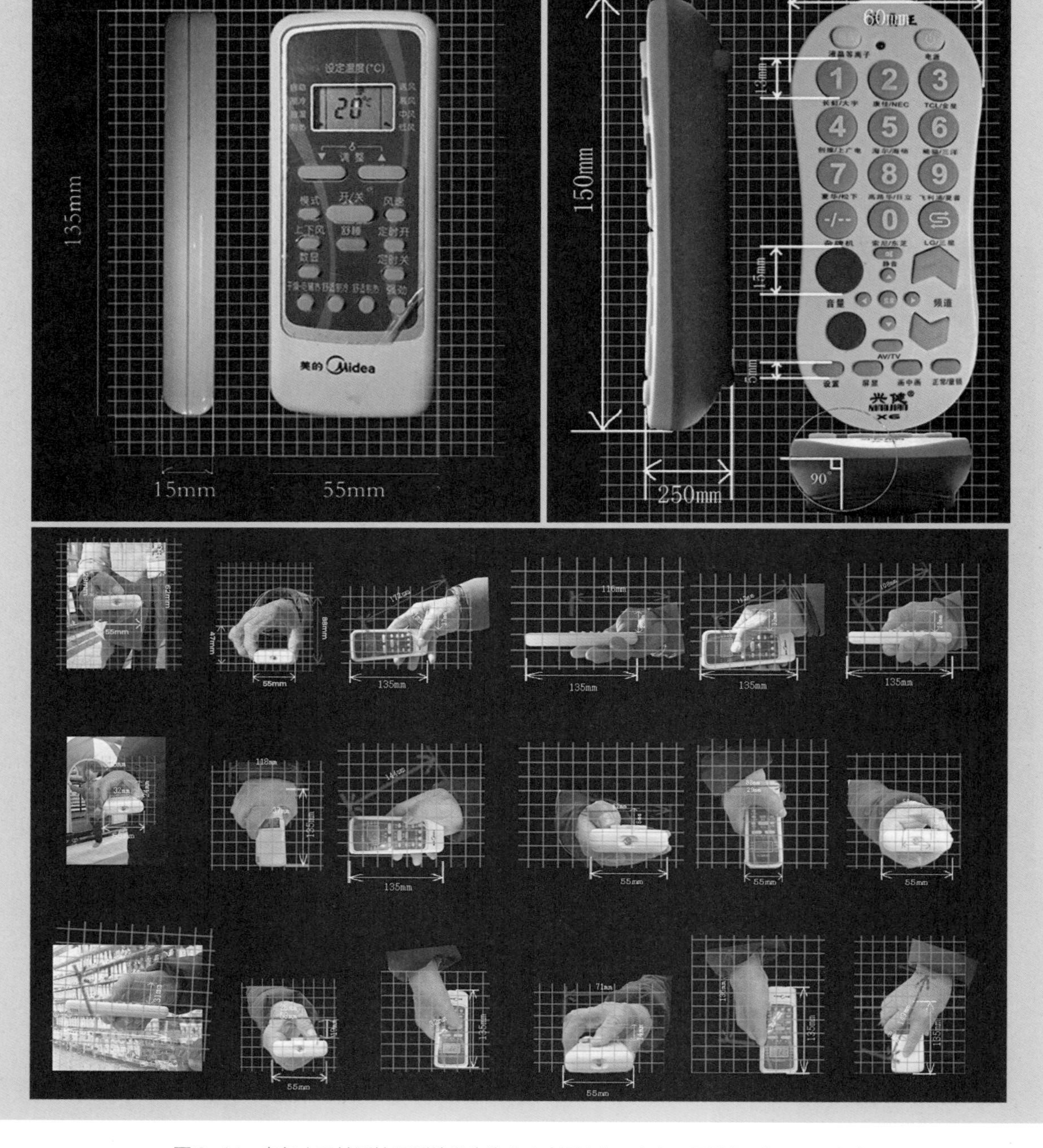

图 2-14 老年人手持遥控器测绘学生作业 1（设计者：袁睿、马婧儒 / 指导：于帆）

老年人手持遥控器测绘

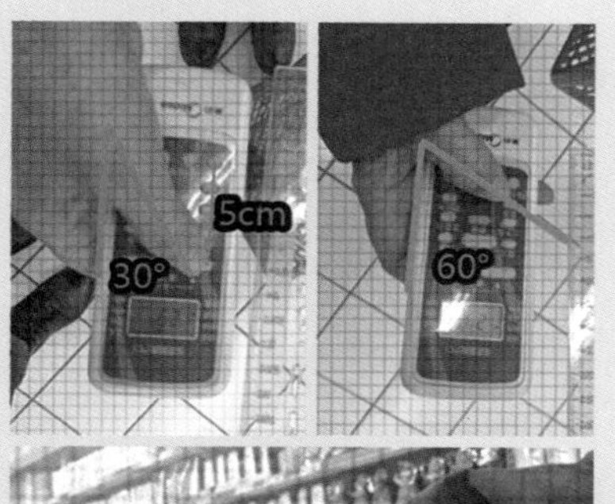

老年人拇指前后移动最大距离和角度:

经小组拍摄调查分析，得出结论：老年人在操作手持遥控器时，由于手较年轻人的活动范围小且较不灵活，拇指活动角度约 30°，因此，老年人手持遥控器的按键区不宜过长，4～5cm 为舒适范围，且因老年人手指较粗，适宜较大的按键面积。

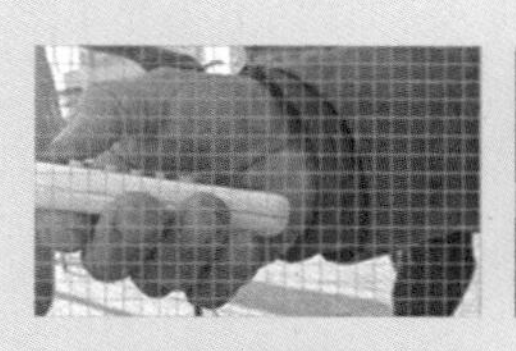

大拇指向下按的角度:

经小组拍摄调查分析，得出结论：老年人在操作手持遥控器时，由于指关节较年轻人的活动范围小，拇指从按下到抬起大约为 20°，因此，老年人手持遥控器厚度不宜过厚，按键不宜过高。

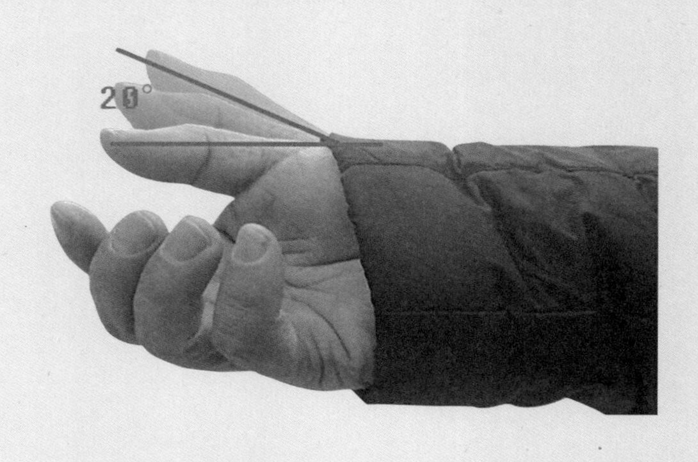

图 2-15 老年人手持遥控器测绘学生作业 2（设计者：袁睿、马婧儒 / 指导：于帆）

老年人手持遥控器测绘

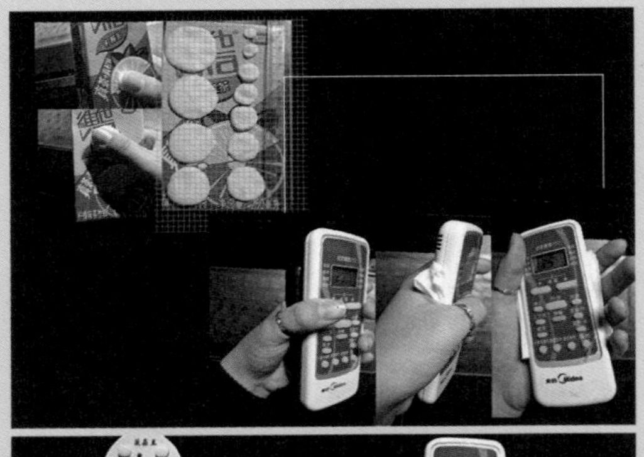

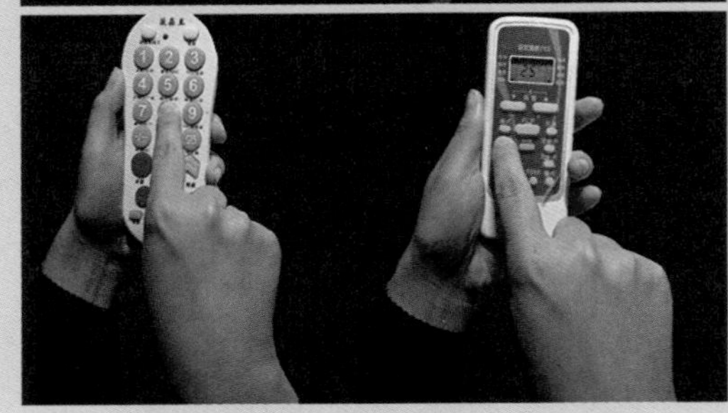

安全尺度

遥控器弧角的设计以及按键的形状与材质，有效地防止了被划伤的可能。通过超轻黏土的粘贴，我们发现遥控器弧形的转折半径在5mm以上便可以很好地保障安全。

功能尺度

老年人因为记忆力不是那么好，又不熟悉现代化操作，并且他们对遥控器的要求也仅仅是调节温度、模式（空调）或是换台、调节音量（电视）。减少按键可以使他们所需要的功能最大化地呈现。所以电视遥控器按键数在16~30个之内足矣；空调遥控器按键数在5~10个内足矣。

效率尺度

按键和数据的大小及按键间的距离，决定了老年人使用遥控器的效率高低，按键控制在7～15mm范围之内并在满足遥控器宽窄的情况下，才能达到最优使用效率。

舒适尺度

详见测绘结果

测绘结果

1. 经过垫纸垫东西的厚度测试，我们发现：厚度在20~25mm之间女性握着是最舒服的，而男性则在25~30mm之间。

2. 经过绘图和用黏土做按键半径的尝试，我们发现：按键在7~15mm之间即可满足遥控机宽窄使用，且是舒适的。

3. 经小组拍摄调查分析，得出结论：

老年人在操作手持遥控器时，由于手较年轻人的活动范围小且较不灵活，因此老年人手持遥控器的按键区不宜过宽或过短，宽度在30~50mm为最舒适范围。

4. 经小组拍摄、调查分析，得出结论：

老年人在操作手持遥控器时，由于指关节较年轻人的活动范围小，拇指从按下到抬起大约为20°，因此，老年人手持遥控器厚度不宜过厚，按键高度不宜过高。

5. 经小组拍摄、调查分析，得出结论：

老年人在操作手持遥控器时，由于手较年轻人的活动范围小且较不灵活，拇指活动角度约为30°，因此，老年人手持遥控器的按键区不宜过长，40~50mm为舒适范围，且因老年人手指较粗，适宜设计拥有较大按键面积的按键。

图2-16 老年人手持遥控器测绘学生作业3（设计者：袁睿、马婧儒/指导：于帆）

应用方法与原则

1. 人体测量数据运用准则

（1）最大最小原则

根据具体设计的目的，选用最大或最小人体形体参数。例如，人体身高常用于通道和门的最小高度设计，为了尽量使所有人（99% 以上）通过时不发生撞头事件，通道和门的最小高度设计应使用高百分位身高数据；而操作力设计应按照最小操作力准则选择参数。

（2）可调性原则

对于与健康安全关系密切或减轻作业疲劳的设计应按照可调整性准则运用参数，即在使用对象群体的 5%~95% 范围内可调。例如，航空座椅应在高度、靠背倾角和前后距离等尺度上可调。

（3）平均性原则

虽然平均数这个概念在有些设计中不适用，但是诸如门把手、锤子和刀的手柄等，可以用平均值进行设计。对于肘部平放高度参数的选择，由于主要目的是能使手臂得到舒适的休息，也可以选用 50% 的数据。

（4）使用最新人体数据准则

所有国家的人体形体尺度都会随着年代、社会经济的变化而不同，因此，应参考最新的人体数据进行设计。

（5）地域性准则

一个国家的人体参数与地理区域分布、民族等因素有关，设计时必须考虑实际服务的区域和民族分布等因素。

（6）功能修正量与最小心理空间相结合准则

有关标准公布的人体数据是在裸体（或穿单薄内衣）、不穿鞋的条件下测得的，而设计中所涉及的应是在穿衣服、鞋，戴帽的状态下，应留下适当的余量，即在形体尺度上增加适当的着装修正量。所以，这些修正量总称为功能修正量。功能修正量随产品不同而异，通常为正值，但有时也可能为负值。通常用实验方法求得功能修正量，但也可以通过数据的计算获得。另外，为了克服人们心理上产生的“空间压抑感”、“高度恐惧感”等不良心理感受，或者为了满足人们“求美”、“求奇”等心理需求，在产品最小功能尺度上可附加一项增量，称为心理修正量。考虑了心理修正量的产品功能尺度称为最佳功能尺度。心理修正量可以通过实验方法求得，一般都是通过受试者主观评价表的评分结果进行统计分析求得。

（7）姿势与身材相关联准则

劳动姿势与身材大小要综合考虑，不能分开。如坐姿或蹲姿的宽度设计要比立姿的大。

（8）合理选择百分位和使用度原则

设计目标不同，选用的百分位和适用度也不同。常用设计和人体数据百分位选择归纳见表 2-4。

2. 人体尺寸的一般应用示例

人体尺寸的一般应用示例 表 2-4

人体尺寸	应用范围	百分位选择	注意事项
身高	用于确定通道和门的最小高度。一般建筑规范规定的和批量生产制作的门和门框高度都适用于 99% 以上的人，所以，这些数据可能对于确定人头顶上的障碍高度更为重要	由于主要的功用是确定净空高度，所以应选用高百分位数据，因为顶棚高度一般不是关键尺寸，设计者应考虑尽可能地适应 100% 的人	身高一般是不穿鞋测量的，故在使用时应当予以适当补偿
肘部高度	对于确定柜台、厨房案台、工作台以及其他站立使用的工作表面的舒适高度，肘部高度数据是必不可少的。通过科学研究发现，最舒适的高度是低于人肘部高度 7.6cm。另外，休息平面的高度应低于肘部高度 2.5~3.8cm	假定工作平面高度确定为低于肘部高度约 7.6cm，那么从 96.5cm（第 5 百分位数据）到 111.8cm（第 95 百分位数据）这样一个范围都将适合中间 90% 的男性使用者。考虑到第 5 百分位的女性肘部高度较低，这个范围应为 88.9~111.8cm，才能对男女使用者都适用。由于其中包含很多其他因素，如存在特别的功能要求和每个人对舒适高度的见解不同等，所以这些数值也只是假定推荐的	确定上述高度时，必须考虑活动的性质，有时这一点比推荐的“低于肘部高度 7.6cm”还要重要
坐高	用于确定座椅上方障碍物的允许高度	由于涉及间距问题，采用第 95 百分位的数据是比较合适的	座椅的倾斜、座椅坐垫的弹性、衣服的厚度以及人坐下和站起来时的活动都是要考虑的重要因素
坐姿眼高	当视线是设计问题的中心时，确定视线和最佳视区要用到这个尺寸，这类设计对象包括剧院、礼堂、教室和其他需要良好视听条件的室内环境	假如有适当的可调性，就能适应从第 5 百分位到第 95 百分位或者更大的范围	应当考虑头部与眼睛的转动范围、座椅坐垫的弹性、座椅面距地面的高度和可调座椅的范围
肩宽	肩宽数据可用于确定环绕桌子的座椅间距和影剧院、礼堂中的排椅座位间距，也可用于确定公用和专用空间的通道间距	由于涉及间距问题，应使用第 95 百分位的数据	使用这些数据要注意可能涉及的变化。要考虑衣服的厚度，对薄衣服要附加 7.9mm，厚衣服要附加 76mm。还要注意，由于躯干和肩的活动，两肩之间所需的空间会加大
两肘之间宽度	可用于确定会议桌、餐桌、柜台和牌桌周围座椅的位置	由于涉及间距问题，应使用第 95 百分位的数据	应与肩宽尺寸结合使用
臀部宽度	这些数据对于确定座椅内侧尺寸和设计酒吧、柜台和办公座椅极为有用	由于涉及间距问题，应使用第 95 百分位的数据	根据具体条件，与两肘之间宽度和肩宽结合使用
肘部平放高度	与其他一些数据和考虑因素联系在一起，用于确定椅子扶手、工作台、书桌、餐桌和其他特殊设备的高度	肘部平放高度既不涉及间距问题，也不涉及伸手够物问题，其目的只是能够使手臂得到舒适的休息即可。选择第 50 百分位左右的数据是合理的	座椅坐垫的弹性、座椅表面的倾斜以及身体姿势都应予以注意

续表

人体尺寸	应用范围	百分位选择	注意事项
大腿厚度	是设计柜台、书桌、会议桌、家居及其他一些室内设备的关键尺寸，而人们使用这些设备时都需要把腿放在工作台下面。特别是有直拉式抽屉的工作面下面，要使大腿与大腿上方的障碍物之间有适当的间隙，这些数据必不可少	由于涉及间距问题，采用第95百分位的数据是比较合适的	在确定上述设备的尺寸时，其他一些因素也应该予以考虑，例如腿弯高度和座椅坐垫的弹性
膝盖高度	是确定从地面到书桌、餐桌和柜台底面距离的关键尺寸，尤其适用于使用者需要把大腿部分放在家具下面的场合。坐着的人与家具底面之间的靠近程度，决定了膝盖高度和大腿厚度是否是关键尺寸	要保证适当的间距，故应选用第95百分位的数据	要同时考虑座椅高度和坐垫的弹性
腿弯高度	是确定座椅面高度的关键尺寸，尤其对于确定座椅前缘的最大高度更为重要	确定座椅高度，应选用第5百分位的数据，因为如果座椅太高，大腿受到的压力会使人感到不舒服	选用这些数据时必须注意坐垫的弹性
坐姿垂直伸手高度	主要用于确定头顶上方的控制装置和开关等的位置，所以较多地被设备专业的设计人员所使用的	选用第5百分位的数据是合理的，这样可以同时适合小个子的人和大个子的人	要考虑椅面的倾斜度和坐垫的弹性
立姿眼高	可用于确定在剧院、礼堂、会议室等处人的视线，用于布置广告和其他展品，用于确定屏风和开敞式大办公厅内的隔断高度	百分位选择将取决于关键因素的变化。例如，如果设计中的问题是决定隔断或屏风的高度，以保证隔断后面人的私密性要求，那么隔断高度就与人的眼睛高度有关（第95百分位甚至更高）。其逻辑是假如高个子的人不能越过隔断看过去，那么矮个子的人也一定不能。反之，假如设计问题是允许人看到隔板里面，则逻辑相反，隔断高度应考虑较矮人的眼高（第5百分位甚至更低）	由于这个尺寸是光脚测量的，所以还要加上鞋的高度，男子大约需要增加2.5cm，女子大约需要增加7.6cm。这些数据应当与脖子的弯曲和旋转以及视线角度资料相结合使用，以确定不同状态、不同头部角度的视觉范围
立姿垂直手握高度	可用于确定开关、控制器、拉杆、把手、书架以及衣帽架等的最大高度	由于涉及伸手够东西的问题，如果采用高百分位的数据就不能适应小个子的人，所以设计出发点应该基于适应小个子的人，这样同样适用于大个子的人	尺寸是人不穿鞋时测量的，使用时要给予适当的补偿

续表

人体尺寸	应用范围	百分位选择	注意事项
立姿侧向手握距离	有助于设备设计人员确定控制开关等装置的位置，它们还可以被建筑师和室内设计师用于某些特定的场所，例如医院、实验室等。如果使用者是坐着的，仍能用于确定人侧面的书架位置	由于主要的功用是确定手握距离，这个距离应能适应大多数人，因此，选用第5百分位的数据是合理的	如果涉及的活动需要使用专门的手动装置、手套或者其他某种特殊设备，这些都会延长使用者的一般手握距离，对于这个延长量应予以考虑
手臂平伸手握距离	有时人们需要越过某种障碍物去够一个物体或者操纵设备，这些数据可用来确定障碍物的最大尺寸。本书列举的设计情况是在工作台上安装隔板或在办公室工作桌前面的低隔板上安装小柜	选用第5百分位的数据，这样能适应大多数人	要考虑操作或者工作的特点
人体最大厚度	尽管这个尺寸有可能对设备设计人员更为有用，但它们也有助于建筑师在比较紧张的空间里考虑间隙或为人们排队的场合设计所需要的空间	应选用第95百分位的数据	衣服的厚薄、使用者的性别以及一些不易察觉的因素都应予以考虑
人体最大宽度	可用于设计通道的宽度、走廊宽度、门和出入口宽度以及公共集会场所等	应选用第95百分位的数据	衣服的厚薄、人走路或做其他事情时的影响以及一些不易察觉的因素都应予以考虑
臀部至腿弯长度	这个长度尺寸用于座椅的设计中，尤其适用于确定腿的位置，确定长凳和靠背等前面的垂直面以及椅面的长度	应选用第5百分位的数据，这样能适应最多的使用者——臀部—膝腘部长度较长和较短的人。如果选用第95百分位的数据，则只能适合这个长度较长的人，而不适合这个长度较短的人	要考虑椅面的倾斜度
臀部至膝盖长度	用于确定椅背到膝盖前面的障碍物之间的距离，例如：用于影剧院、礼堂、报告厅的固定排椅的设计中	由于涉及间距问题，采用第95百分位的数据是比较合适的	这个长度比臀部—足尖长度要短，如果座椅前面的家具或其他室内设施没有放置足尖的空间，就应该使用臀部—足尖长度
臀部至足尖长度	用于确定椅背到膝盖前面的障碍物之间的距离，例如：用于影剧院、礼堂、报告厅的固定排椅的设计中	由于涉及间距问题，采用第95百分位的数据是比较合适的	如果座椅前面的家具或其他室内设施有放置足尖的空间，而且间隔要求比较重要，就可以使用臀部—膝盖长度来确定合适的间距
臀部至脚后跟长度	可以利用它们布置休息室座椅或者不拘礼节的就坐座椅。另外，还可以用于设计搁脚凳、理疗和健身设施等综合空间	由于涉及间距问题，采用第95百分位的数据是比较合适的	在设计中，应该考虑鞋、袜对这个尺寸的影响，一般，男子大约需要增加2.5cm，女子大约需要增加7.6cm

2.2 感官、认知与交互

感官、认知与交互：

感觉，是客观事物的个别特性作用于人的感官时在人脑中的直接反应。感觉是最简单的心理过程，是形成各种复杂认知心理过程（如注意、记忆、想象等）的基础，同时也是人机工程学中界面与交互系统设计研究的源泉和起始点。

20 世纪 80 年代中期，D. Norman J. 和 Rsmuseen 分别提出了认知工程的概念，也有人将其叫作界面科学。认知工程将信息科学与人的认知特性和行为相结合进行研究，主要研究人感知信息进行判断和决策的行动过程，研究旨在揭示人失误的原因、失误本质以及减少失误的措施。人的认知特性涉及人的认识过程中记忆、注意、思维等特性和理论。人机交互中涉及人的特性主要有生理特征、心理特征以及与此相关的信息传输方式等，故本节通过视野范围测试、声光反应测试、注意分配测试、迷宫等基础实验与应用实验来探讨人的感官（如视觉、听觉）、认知（如注意、记忆）与机器之间的交互关系。

常规与习惯：

人对客观事物的常规性认识与形成认知习惯的过程是从感觉开始的，它是最简单的认识形式。人的感觉器官依作用可分为五类，即视觉、听觉、触觉、味觉、嗅觉，也就是通常所说的“五感”，设计是为了满足人类的需求，而感官需求是人类最基本的需求。视觉、听觉与触觉与设计息息相关，故重点介绍。例如触觉是微弱的机械刺激使皮肤浅层的感受器兴奋而引起的，触觉的生理意义是辨别物体的大小、形状、硬度、表面性（如光滑程度），并随之调节有机体的回答活动。

心理和行为都是用来描述人的内外部活动的，但习惯上把“心理”的概念主要用来描述人的内部活动（但心理活动也涉及外部活动），而将“行为”概念主要用来描述人的外部活动（但人的任何行为都是发自内部的心理活动）。人的行为是心理活动的外在表现，是活动空间的状态转移。心理与行为活动主要表现为注意过程、记忆过程、想象过程。其中，想象是指利用原有的形象在人脑中形成新形象的过程，是一种高级认知活动的外在表现，是人脑对已有表象进行认知加工改造而创新的过程体现，是一种复杂的分析与综合活动。想象分为无意想象和有意想象两类。

界面与交互：

人机交互界面基本要素是信息与传输方式，按照人的感觉器官类别，信息显示分为视觉显示、听觉显示、触觉显示、嗅觉显示和多通道显示。视觉显示是由光源、物体或发光标志组成的信息类型，通过操作者的视觉器官传递各种信息。听觉显示是由纯音或复音组成，通过操作者的听觉器官传递信息，操作者不需在某一固定位置也能听到信号。触觉显示是由操作者的触觉器官尤其是手指接触物体的轮廓、表面、几何形状而传递的信息。嗅觉显示是由物质（固体、液体或气体）散发的介质气味（芳香、臭味），操作者不需在某一固定位置，即使在从事其他工作时也能感受到的信息。多通道显示是两个或两个以上的感觉显示，例如视觉显示同时伴随听觉显示，嗅觉显示同时伴随听觉和灯光显示等。

视觉显示方面，主要包括字符与图形、色彩显示、灯光信号显示。其中，在信息传输中最简单、最直观的方式就是文字、数字和图形符号。文字能够准确描述和解释信息的意义，在指示性显示和辅助性说明中经常被使用。数字能够精确显示数据参数，常作为计量显示。符号能够直观形象地突出被表示对象的特征和确定的含义，是一种图形指示标志。而色彩显示在此主要是指视觉信号表面色。灯光信号显示器类型可分为简单指示灯（显示信号）、图形符号灯（以特定的字符图形显示信息）、透射仪表板装置（显示系统设备和运行状况信息）三种类型。影响灯光信号显示的因素有信号灯的亮度、闪光和稳定光、信号灯的位置、信号灯的颜色等。

听觉显示方面，主要分为语言信息和非语言信息两种。其中，非语言信息包括个人的音调和通过声音及音乐的组合来表示的更复杂的信息，比如早期的电传打字机包含铃声和提醒用户有信息来或纸已用完，后来的计算机系统增加了铃声的范围用以提示警告或承认动作的完成。键盘和移动设备如数码相机，装有电子生成的声音反馈。又如在控制器上设置到位音响装置（如“咔嗒”声），这种音响常由控制器定位机构中自动发出，也可以装设专门的联动音响装置。

触觉显示方面，适合触觉传递的信息必须是人能接触并感知的、内容简单易辨认的信息，触觉显示装置必须在身体可及范围（最好在最佳区域）内。触觉信息显示装置用于显示定性信息和不精确定量信号，一般应与操纵器结合起来使用。

多通道显示方面，包括多通道用户界面与多媒体用户界面，其中，多通道用户界面是综合采用视觉、语音、手势等新的交互通道、设备和交互技术，使用户利用多个通道以自然、并行、协作的方式进行人机对话，通过整合来自多个通道的、精确的或不精确的输入来捕捉用户的交互意图，提高人机交互的自然性和高效性。

人机交互界面基本要素之一——信息的传输方式，是指完成信息传输的人机界面，包括硬界面与软界面。硬界面即实体用户界面，主要指用户在使用产品时与身体实际接触的实体物质部分，包括显示器、输入设备等。而软界面是人—机之间的信息交流界面，它是屏幕产品的重要组成部分，如计算机程序界面、网页界面等。因人—机之间的界面是通过数字信息交流，所以又称为信息界面。硬界面与软界面二者是相辅相成、不可分割的，硬界面是软界面存在的载体，而软界面是硬界面信息的展示和反馈，二者是一种控制与反馈的关系。随着数字技术和智能技术的应用与普及，软界面将逐渐成为人机交互中主要的信息传输界面。

2.2.1 课题1 常规与习惯

基础知识

1. 人的感官与认知

（1）视觉

视觉是光进入人眼才产生的，人类所获得的信息有 80%~85% 来自视觉。视觉的主要参数有视角、视力、视野、视距等。其中，视野是指人的头部和眼球固定不动的情况下，眼睛观看正前方物体时所能看得见的空间范围，常以角度来表示，可以用视野计来测定视野的范围。

（2）听觉

听觉是仅次于视觉的重要感觉，它的适宜刺激是声音。听觉的物理特征主要有频率响应、动态范围、方向敏感度、掩蔽效应等。

（3）注意

注意是指人的心理活动对一定对象的指向和集中。它不是独立的心理过程，而是存在于感知、记忆、思维等心理过程中的一种共同特性。注意可分为无意注意和有意注意、注意的分配和转移、注意的稳定性、不注意、白日梦等类型。

（4）记忆

记忆是一个复杂的心理过程，包括识记、保持和再认三个基本环节。其生理心理学解释和信息论的解释可归纳为表 2-5。

记忆的解释　　表 2-5

记忆的不同阶段	记忆的解释	记忆的解释	记忆的解释
经典的生理心理学解释	大脑皮层中暂时神经联系（条件反射）的建立	暂时神经联系的巩固	暂时神经联系的再活动（或接通）
信息论的观点	信息的获取	信息的储存	信息的辨识（或提取和运用）

2. 人的反应

人们在操纵机械或观察识别事物时，从开始操纵、观察、识别到采取动作，存在一个感知时间过程，即存在一个反应时间问题。反应时间是指人从机械或外界获得信息，经过大脑加工分析发出指令到运动器官开始执行动作所需的时间。

反应时间随感觉通道、执行动作的运动器官、刺激性质、刺激方式及刺激强度、机体状况等不同而异。此外，反应时间与操纵器、显示器情况有关，如操纵与显示器的形状、大小、位置及操纵器的用力方向、大小等均会影响反应时间。

基础实验

实验 1

1. 实验名称

视野范围测试实验

2. 实验目的

学习视野计的使用方法和视野的检测方法；

了解测定视野的意义；

比较左右视野的异同并指出盲点在视网膜上的位置及计算其大小。

3. 实验课时安排

2 课时

4. 实验内容与流程

（1）把视野图纸安放在视野计背面圆盘上，学习在图纸上做记录的方法（记录时与被试反应的左右方位相反，上下方位颠倒）。

（2）主试选择一种某一大小及颜色（如红色）的刺激。

（3）让被试坐在视野计前。被试戴上遮眼罩把左眼遮起来，下巴放在仪器的支架上，用右眼注视正前方的黄色注视点，一定不要转动眼睛。同时用余光注意仪器的半圆弧。如果看到弧上有红色的圆点，或者原来看到了红色后来又消失了，要求立即报告出来。在红点消失前，觉得颜色的色调有何变化，也要及时报告。

（4）主试将视野计的分度销拔出，转动圆盘，将弧放到 0~180° 的位置上。然后将销插入相应角度位置的孔中，固定圆盘。把弧上滑轮放在被试左边的半个弧靠近中心注视点处，并移动滑轮将红色刺激由内向外慢慢移动。直到被试看不见红色时为止，把这时红色刺激所在的位置用笔记录在视野图纸的相应位置上。然后再把红色刺激从最外向中心注视点移动，到被试报告刚刚看到红色时为止，用同样方法做记录。

（5）再按同样的程序，用红色刺激在被试右边的半个弧上实验。但有一点不同，当红色刺激从内向外或从外向内移动的过程中，会产生红色刺激突然消失和再现的现象。把红色突然消失和再现当时的位置记录下来，这就是盲点的位置。

（6）把视野计的弧依次放到 45° ~225° 、90° ~270° 、135° ~315° 等位置上，再按上述程序测定红色的视野范围。每做完弧的一个位置休息 2 分钟。

（7）按上述步骤分别测定黄、绿、蓝、白各色的视野范围，用相应颜色的笔把被试反应位置记在同一张视野图上。

（8）将另一张视野图纸安放在视野计的背面，让被试戴上遮眼罩，用左眼注视中心黄色注视点，按上述同样程序进行测定和记录。

（9）询问被试各彩色从视野中逐渐消失时感到颜色有何变化。

（10）操作任务：

1）按照实验步骤分别测定红、黄、绿、蓝、白各色的视野范围；

2）将测得的视野值标注在视野图中，并用光滑曲线连接。

5. 实验器材

色彩视野分辨计（图 2-17）

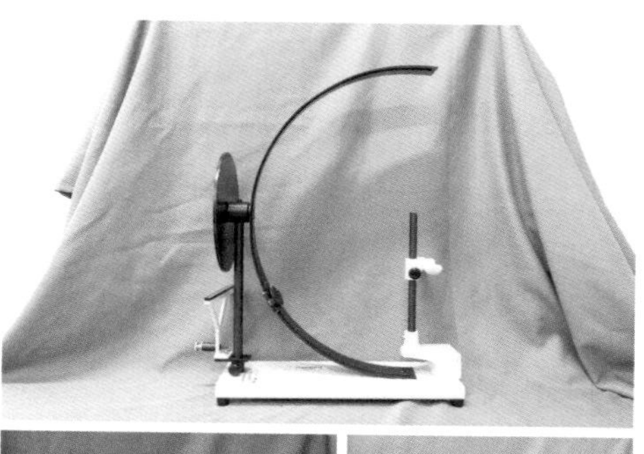

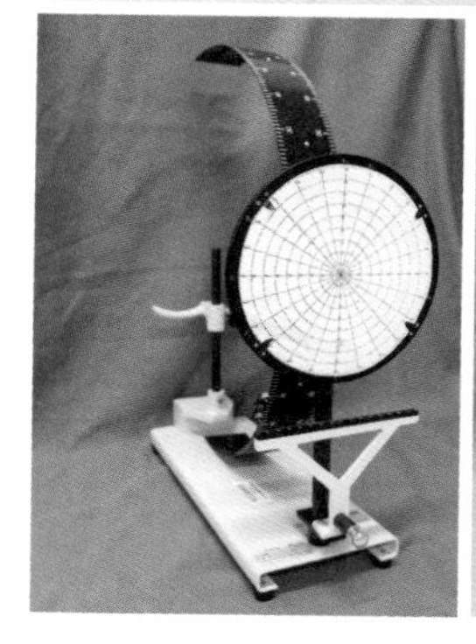

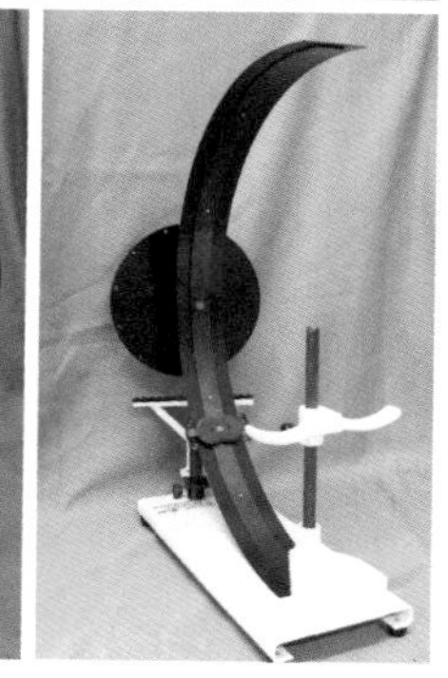

图 2-17　色彩视野分辨计

6. 实验结果评析

在实际课程实验中严格按照实验内容与流程操作，并进行结果评析。以某同学的数据为例（图 2-18、表 2-6）。

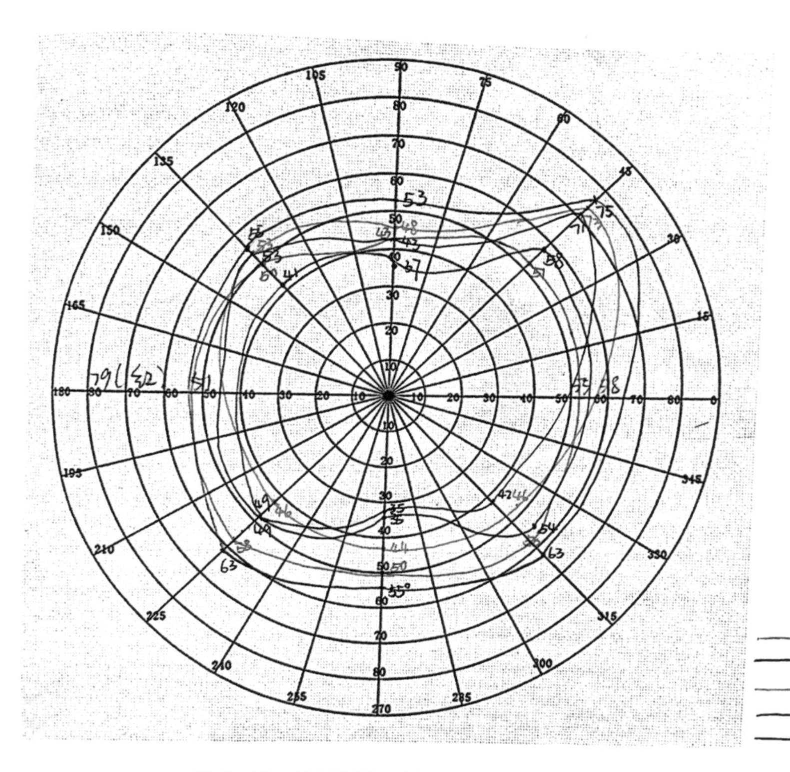

图 2-18　某同学视野范围测试实验结果（视野图）

某同学视野范围测试实验结果 表2-6

实验结果	（记录红、黄、绿、蓝、白各色视野范围，写法如：被试视野范围红色视标上方40°、鼻侧72°，下方50°，颞侧65°） ①45°~225°　②90°~270°　③135°~315° 红　上方51°~下方79°　上方43°~下方50°　上方50°~下方55° 黄　上方73°~下方46°　上方48°~下方42°　上方53°~下方48° 绿　上方71°~下方49°　上方43°~下方35°　上方52°~下方42° 蓝　上方58°~下方49°　上方37°~下方36°　上方41°~下方54° 白　上方75°~下方63°　上方53°~下方55°　上方55°~下方63°
结果分析	（①对实验结果进行分析；②思考“在视野图纸上记录视野值时为什么要与被试反应的左右方位相反，上下方位颠倒”并给出原因。得出结果与结论应在合理范围内） 分析：①个人数据存在个体误差，不具备普遍性； ②个体差异：用眼后恢复时间个人不同； ③90°~270°视野范围相对较小，45°~225°视野范围相对较大； ④视野范围：白>黄>红>蓝 思考：由于小孔成像原理，物像经瞳孔在视网膜上成像为倒像，因此上下左右颠倒

结果评析

（1）由图2-18可以看出，左右眼没太大变化，对于两眼视野0°~90°上逐渐增大，90°~180°上逐渐增大，180°~270°上稍微增大，270°~360°上基本不变，说明了视野在不同角度上可以看到的范围是不一样的，在鼻侧要小于颞侧，上方小于下方，而且说明黄色视标的左右眼视野范围都是呈椭圆形的，这与以往的实验是相符的。

（2）在视野图上做记录要特别注意：当刺激在左边时，所测得的结果应记录在图纸的右边；当刺激在右边时应记录在图纸的左边。因为彩色视野图是表明对人体外部的不同彩色的可见范围，而不是视网膜上不同的彩色区域，所以视野图与视网膜上左右部位是相反的，上下部位是颠倒的。以上同时从视野范围测试实验角度来解释“在视野图纸上记录视野值时为什么要与被试反应的左右方位相反，上下方位颠倒”这一问题。

实验 2

1. 实验名称

声光反应时测试实验

2. 实验目的

掌握声光反应时的测定方法；

了解选择声、光反应时的区别。

3. 实验课时安排

2 课时

4. 实验内容与流程

（1）主试将两个反应键分别插入后面板上的“声”和“光”插座之中，令被试左右手各持一个按键，并记住哪一只手持的是什么键。

（2）若使用耳机，主试将耳机插头插入仪器的“耳机”插座之中，令被试戴上耳机。

（3）若选用打印机，主试将打印机连线接到仪器前面板“打印机”接口上，打开打印机电源，并置于“联机”状态。

（4）主试接通电源，打开电源开关。

（5）仪器初始设定的实验次数为 10 次，按“次数”键，可以增加相应设定的次数，每按键一下，增加 10 次，最多 90 次。次数显示窗相应显示设定值。如设定值为 00，则表明设定的实验次数不限，实验结束由手动控制。

（6）选择刺激方式：按“方式”键，键上方的“光”灯亮，表示光刺激呈现；“声”灯亮，表示声音刺激呈现；声、光灯全亮，则声、光刺激随机选一个呈现。实验过程中，单一的声或光反应为测定简单反应时，声或光随机呈现为测定选择反应时。

（7）提示被试准备实验。按下“开始”键，实验开始。

（8）2 秒钟预备。

（9）仪器由刺激方式确定呈现刺激，声刺激为短促的声响，光刺激为后面板中央短暂的光信号。实验过程中，可随时按“方式”键，转换刺激方式。

（10）同时实时显示计时，反应次数显示加“1”。

（11）当被试听到声刺激后，选择持“声”反应键的手做出反映，即按下“声”反应键；见到光刺激后，选择持“光”反应键的手作出反应，即按下“光”反应键。反应正确，计时器停止走时，此时前面板上显示出该次的反应时间。

（12）若反应错误，计时器继续走时，同时发出错误警告声。被试听到警告声，说明自己反应有错，应立即按正确的反应键改正，计一次错误次数。

（13）若在预备期间按下反应键即过早反应，则发出声响，记一次错误次数。松开后，声响停止，重新进入预备状态。若 10s 内没有正确反应，则记一次错误次数，但不计反应次数。

（14）如设定的次数不为 00，则实验次数达到相应次数后，长声响，实验自动结束；如设定为 00，则按“打印”键，实验结束，显示总平均反应时与实验次数。

（15）按“方式”键可分别显示声或光及二者总的平均反应时与实验次数，由键上方指示灯指示。如果此刺激没有呈现，反应次数为零，则平均反应时显示“----”。

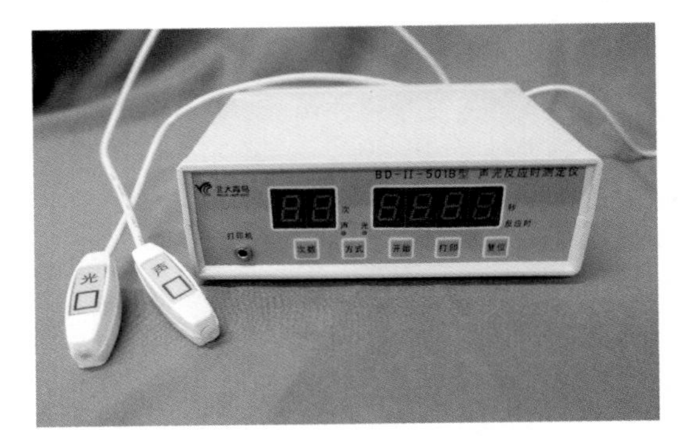

图 2-19　声光反应时测试仪

5. 实验器材

声光反应时测试仪（图 2-19）

6. 实验结果评析

在实际课程实验中严格按照实验内容与流程操作，并进行结果评析。以某同学的数据为例，见表 2-7。

声光反应时测试实验结果　　表 2-7

实验总次数	10	10	10
实验反应时 /s	0.45	0.5	0.48
平均反应时间 /s	0.477		
结果分析	①通过自身实验和观察得出结论：人对于光的反应快于声音； ②对于光的反应时应该高于 0.477s		

结果评析

（1）反应时具有统一性，即声选择反应时比较慢的，光选择反应时也会相对较慢，反之亦然。

（2）所有被试的声选择反应时比光选择反应时要慢。

（3）具体影响因素总结为以下几个方面：

1）由于练习效应，所有被试的反应时间大体都是越来越快的；

2）三个被试对于声音的敏感程度都比较低，以至于做声选择反应时经常出现错误，特别是对于中音的反应速度会明显低于另外两个音，另外做声选择反应时的错误率也明显高于光选择反应时；

3）当连续多次出现相同刺激时，反应速度会越来越快，但是再变成另一个刺激时，速度会明显变慢或出错；

4）一般被试右手食指较灵活，所以测试时出现的刺激对应反应是食指的反应时速度会比较快；

5）选择反应时和简单反应时相比，会慢很多，因为多了一个心理加工过程，即选择反应时要求被试在反应之前先判断哪个反应是对当前刺激的正确反应。

实验 3

1. 实验名称

注意分配测试实验

2. 实验目的

测定被试者对不同刺激的注意分配能力；

学习使用注意分配实验仪；

探讨注意分配的可能性与条件。

3. 实验课时安排

2 课时

4. 实验内容与流程

（1）插好 220V 电源插头，开“电源”开关，电源指示灯亮。

（2）按“定时”键设定工作时间。

（3）按“方式”键设定工作方式。

（4）自检（试音、试光）：主试设定方式“0”，按“启动”键，开始“自检”，被试者分别按压三个声音按键，细心辨别三种不同声调；分别按压 8 个光按键，对应发光二极管亮。每按下一键，数码管相应显示一组数值，检测仪器是否正常。

（5）注意分配实验：主试设定方式“1~7”。

1）被试者按启动键，工作指示灯亮，测试开始。

2）二声反应（方式 1）：出声后，被试依声调用左手食指和中指分别对高、中二音尽快作出正确反应。

3）三声反应（方式 2）：出声后，被试依声调用左手食指、中指、无名指分别对高、中、低三音尽快作出正确反应。

4）光反应（方式 3）：出光后，被试者用右手食指尽快按下与所亮发光管相对应的按键。

5）二 / 三声与光同时反应（方式 4/5）：左右手依上述方法同时反应。

6）测定 Q 值（方式 6/7）：二 / 三声反应、光反应、二 / 三声与光同时反应三项实验连续进行，最后自动计算出注意分配量 Q 值；每项实验完成后，中间将休息，启动灯闪烁，按“启动”键，实验继续。

7）当工作指示灯灭，表示规定测试时间到。

8）测试过程中，将实时显示正确或错误次数，显示正确次数时，相应“正确”指示灯亮；显示错误次数，相应“错误”指示灯亮。“方式 4 或 5”声光组合实验，显示正确或错误次数时，声为显示方式“4 或 5”，光为显示方式“4. 或 5.”，即光用小数点以示区别。

（6）操作任务：操作选择方式 2、方式 3、方式 4 分别进行操作；

设定实验时间，方式 2、方式 3、方式 4 各 60s；

实验数据采集：实验总次数 A、实验出错次数 a、实验用时 T（单位：s）；

计算数值：平均反应时 t（单位：s）$t=T/A$；

出错率 v（单位：%）$v=(a/A)\times 100\%$

注意分配能力 $Q=\sqrt{(S_2/S_1)\times(F_2/F_1)}$

其中 S_1 为单一声刺激时的正确反应次数，F_1 为单一光刺激时的正确反应次数，S_2 为声光刺激时的声音正确反应次数，F_2 为声光刺激时的光正确反应次数；

比较方式2、方式3、方式4的平均反应时和出错率。

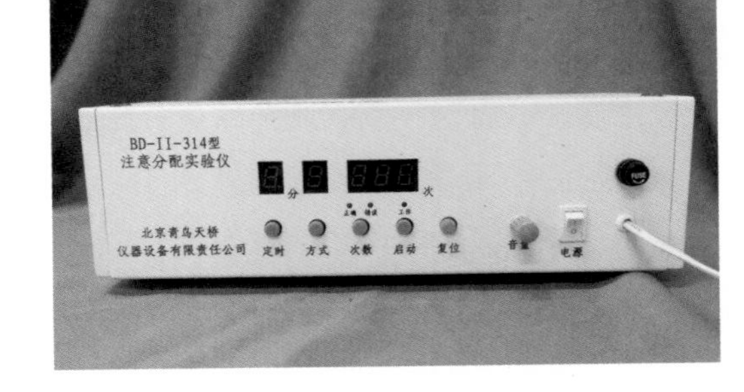

图2-20　注意分配实验仪

5. 实验器材

注意分配实验仪（图2-20）

6. 实验结果评析

在实际课程实验中严格按照实验内容与流程操作，并进行结果评析。以某同学的数据为例见表2-8。

注意分配测试实验结果　　　　**表2-8**

实验结果	（结果应为“操作任务”中的（3）、（4）、（5）） ① $t=T/A$　方式2：$t=60/196\approx 0.31s$ 方式3：$t=60/140\approx 0.43s$ 方式4：$t=60/101\approx 0.59s$ ②出错率 $v=(a/A)\times 100\%$　方式2：$v=(118/196)\times 100\%\approx 60\%$ 方式3：$v=(25/140)\times 100\%\approx 18\%$ 方式4：$v=(55/101)\times 100\%\approx 54\%$ ③注意分配能力 $Q=\sqrt{(S_2/S_1)\times(F_2/F_1)}$　$Q\approx 0.72$
结果分析	（可从外部环境、刺激类型、任务复杂程度、手指灵活程度、疲劳效应等方面讨论不同条件下人注意分配的情况与差异。仅供参考，无标准答案，但得出结果与结论应在合理范围内） 分析：①外部环境：环境中的其他噪声可能会干扰人的听觉，造成判断错误，环境越安静，测试结果越准确； ②刺激类型：光刺激很明显且醒目，人对于光刺激的反应明显优于声刺激，声刺激在后面很难判断音阶（不如最初敏感）； ③任务复杂程度：单一刺激明显比双刺激更简单，人也更专注，出错次数更少； ④手指灵活程度：手指越灵活，操作速度越快，反应越灵敏，但正确率不一定高； ⑤疲劳效应：人在精神饱满、注意力集中时的出错次数更少，速度也更快，人在疲劳状态下，注意力不集中，反应速度慢，出错次数相应增加。

结果评析

注意分配是指在同一时间内把注意分配到不同的对象上。本实验中被试将注意同时分配到听觉刺激和视觉刺激上，从而计算 Q 值来表示被试的注意分配能力。Q 值在0~0.5范围内表示没有注意分配能力，在0.5~1.0范围内表示有注意分配能力，而且数值越大能力越强，1.0表示注意分配能力最强，

Q 值大于 1.0 则注意分配值无效。注意分配能力是可以通过训练提升的。在本实验中一般正常被试的 Q 值集中在 0.7 左右，说明没有经过训练的人具备注意分配能力但能力较为薄弱，同时也证明了本实验的被试没有出现联系效应，而在实验中出现个别实验结果无效或 Q 值过低可能与被试主观态度有关，与个人能力关系不大。

实验 4

1. 实验名称

迷宫实验

2. 实验目的

测定被试者智商（空间定向能力、思维、记忆等）的情况；

学习使用迷宫实验仪，通过多组实验所得数据的比较得出不同被测的能力差异；

探讨学习时间、出错次数与学习能力的关系，并且研究在不同时间、不同环境下的个体差异。

3. 实验课时安排

2 课时

4. 实验内容与流程

（1）被试在排除视觉条件下（如带上遮眼罩，非随机件），手持测试棒在迷宫的通道中移动，以起点走到终点作为一次实验。如测试棒进入盲巷，到达巷尾位置时，将发出一短声作为提示，并记录错误次数一次。如多次连续在同一盲巷中移动，仅记错误次数一次。

（2）测试棒进入“开始”位置，计时自动开始，当被试手持测试棒进入“终点”位置，计时计数自动停止，并发出长声。此时，显示分别表示实验进行的时间与错误次数。

（3）在实验时，测试棒应在迷宫的通道中连续移动，听见短声，应马上回退。测试棒只能在槽中移动，不得抬起离开通道。

（4）进行第二次实验可以直接使测试棒进入“开始”位置，实验重新开始。

（5）实验中途停止可按“复位”键。

（6）操作任务：

1）走完迷宫（从起始点到终点）；

2）实验数据采集：学习次数 N、出错点总个数 A、实验出错次数 a、实验用时 T（单位：s）；

3）计算数值：出错率 v（单位：%）$v=(a/A)\times100\%$

5. 实验器材

迷宫实验仪（图 2-21）

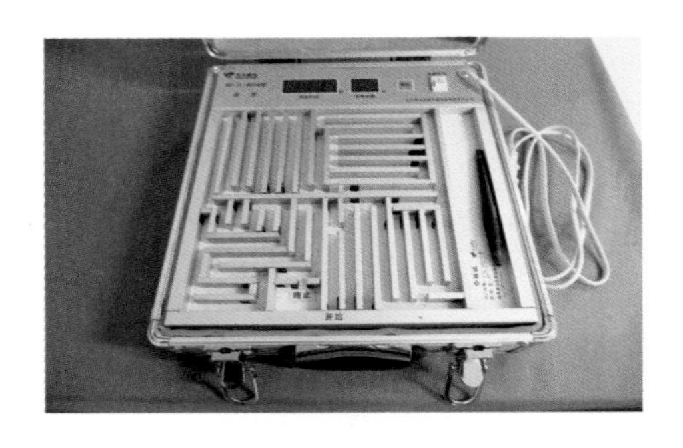

图 2-21 迷宫实验仪

6. 实验结果评析

在实际课程实验中严格按照实验内容与流程操作，并进行结果评析，以某同学的数据为例，见表 2-9。

迷宫实验结果（1） **表 2-9**

实验结果	（结果应为：①“操作任务”中的（2）、（3）；②按时间、出错次数两项指标画出练习曲线图，包括学习次数（*X*）- 时间（*Y*）曲线，学习次数（*X*）- 出错次数（*Y*）曲线） 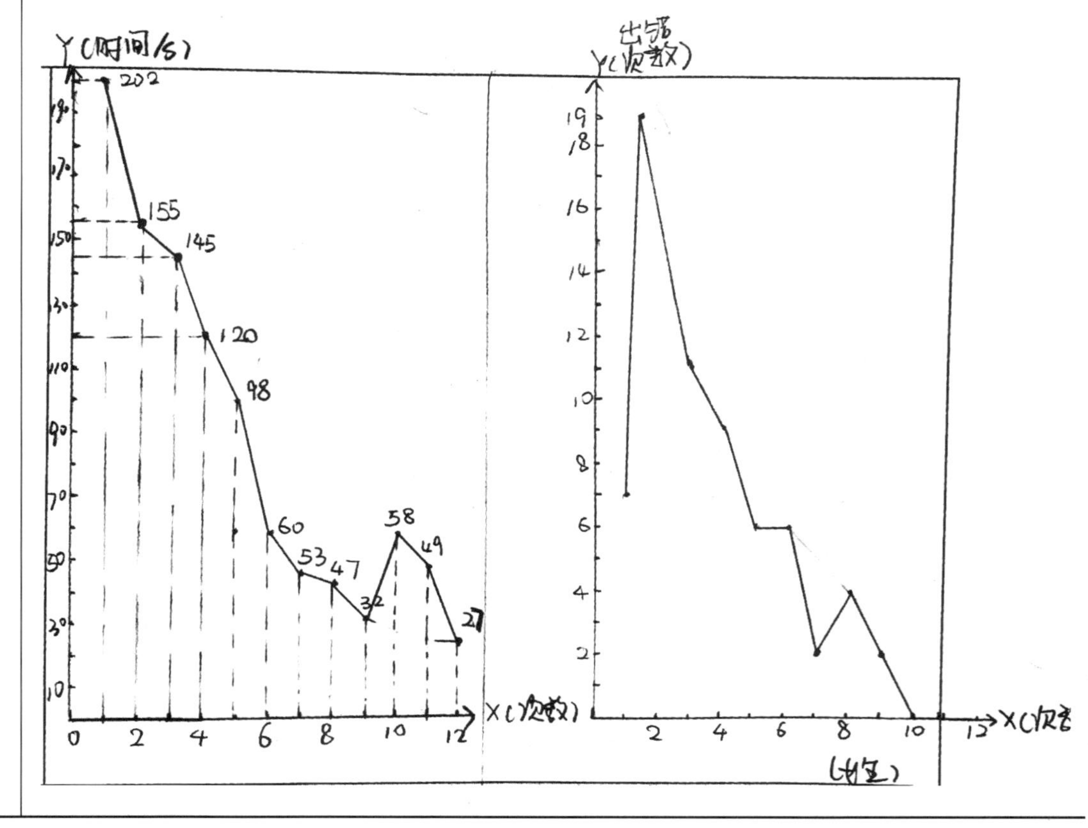

续表

实验分析	（可结合练习曲线图分析实验用时、出错粗疏与学习次数的关系，以及结合其他被试数据分析不同性别的个体空间辨别能力与学习能力的差异。仅供参考，无标准答案，但得出的结果与结论应在合理范围内） 分析：①学习次数增加，用时虽有波动，但总体呈下降趋势； ②学习次数增加，出错次数大致呈下降趋势； ③随着学习次数增加，被试的记忆不断强化形成反应，对迷宫有了大致印象，因此实验用时不断缩短，出错次数不断减少； ④部分时间的波动可能是记忆不清晰造成的； ⑤女生空间辨别能力弱于男生，但学习能力强于男生（仅从部分个体男女性得出结论，可能不适用于普遍女性）。 某男生数据为： *N* *a* *T* 1 69.58 3 2 79.5 5 3 45.8 2 4 40.09 2 5 49.88 5

结果评析

（1）实验用时与出错次数是因变量，因变量随着自变量变化而变化，它可以反映其自身和自变量之间的关系，从而让实验结果更加明显。在本实验中，实验用时与出错次数是用来反映学习效果的。

（2）在排除视觉条件时，动作技能的形成主要靠动觉、触觉和记忆，可以在多次出错中找到正确路线，通过触觉记住贴在何处可避免出错，进而减少出错直至成功。总体来说，实验用时和出错次数均呈现越来越少的趋势。

2.2.2 课题2 界面与交互

应用实验

实验1

1. 实验名称

特殊人群使用的产品硬界面再设计探究实验——以笔记本电脑键盘为例

2. 实验目的

探究不同用户使用特性与笔记本电脑键盘布局之间的关系。

3. 实验项目

老年人笔记本电脑键盘；

儿童笔记本电脑键盘。

4. 实验要求、内容与流程

（1）分析老年人、儿童群体特点；

（2）分析产品界面要素；

（3）对老年人、儿童群体的笔记本电脑中键盘布局进行再设计。

5. 示例

老年人笔记本电脑键盘再设计（图2-22为学生作业）

儿童笔记本电脑键盘再设计（图2-23、图2-24为学生作业）

（1）老年用户特征分析

老年人生理特征方面，老年人各个机能的衰退特征已经明显地表现出来了，这些特征对产品的设计产生了直接影响。老年人的生理尺度决定了产品的物理尺度，是设计老年用品的重要依据。

老年人认知特征方面，主要有以下特点。①视觉特点：随着年龄的增长，老年人的晶状体的弹性变小，看不清近物，引起"老花眼"。视网膜内感光细胞的变化以及视觉中枢的变化导致视敏度下降，对弱光和强光的感受性明显下降，同时对颜色的辨别力也有所下降。②听觉特点：老年人耳蜗的毛细胞减少、萎缩，鼓膜变薄及混浊加重，耳蜗神经节变性，听神经纤维数目减少，听觉皮层神经细胞数量减少，听神经功能衰退，导致老年人听力减退，语言辨别能力有障碍，主要表现为高频听力困难。

③记忆特点：老年人在记忆加工的各个阶段的功能都在减退。老年人一次只能处理较少的信息，难以应用有效的加工信息技巧，所以在信息量大的情况下，老年人的记忆效果会比较差，记忆的速度也在减慢。④心理特点：对家人的依赖，对归属感、稳定感的需求，交往、受人尊重、获得信息与自我实现的需要。总之，产品的界面设计必须考虑到老年人生理特点、视觉特点、听觉特点、记忆特点、心理特点等方面。

（2）儿童用户特征分析

生理特征方面，儿童处于持续的生长发育中，其运动能力还不够成熟，这种不成熟会导致儿童使用眼手难以完成各种精确的动作。根据 Fitts 定律，信息处理速率依赖于对象的变化和移动的速度。如儿童在操作鼠标这种精确连续的输入设备时容易发生三种错误：首先，儿童很容易在精确选择时出错；其次，对象在移动过程中容易丢失，儿童经常在目标对象移动到终点之前释放对象；最后，当儿童完成拖曳动作或者进行“点击—移动—点击”这种连续操作时，经常会发生交互错误。认知特征方面，儿童的认知范围有限，注意力也不集中，还不能理解周围的环境，这一阶段主要以表象系统对客观世界作出反应，没有真正形成概念，因此只具有基于表象的思维，即形象思维与直觉思维。儿童认知事物的方式主要包括视觉、触觉、听觉、嗅觉、味觉等几种手段。视觉是儿童感知事物的最直接方式。心理特征方面，在注意力方面，新鲜事物总能引起儿童的注意，他们控制不住自己的注意力；早期也无法形成有意识的记忆，只能记住那些留下深刻印象或者自己喜欢的东西。在这个阶段，儿童对于图形的认知较为敏感，心理学家田中敏隆的幼儿实验表明，4 岁儿童就已经能够正确区分物体的形状，5 岁儿童能够正确临摹几何图形。儿童在看到不熟悉的几何图形时，往往会把几何图形与具体事物或熟悉的事物联系在一起。只要是他们感兴趣的事物，即使是复杂的图形，学龄前儿童也能分辨其中的不同，但普遍对于简单化图形的接受度要比复杂图形高。

（3）产品界面要素分析

功能性界面：接受物的功能信息，操纵与控制物，同时也包括与生产相关的因素，即材料运用、科学技术的应用等。

情感性界面：物要传递感受给人，取得与人的感情共鸣。这种感受的信息传达存在着确定性与不确定性的统一。情感把握在于深入目标对象的使用者的感情，而不是个人的情感抒发。设计“投入热情，不投入感情”，避免个人的任何主观臆断与个性的自由发挥。

环境性界面：外部环境因素对信息传递的影响。环境的物理条件与精神氛围可以辅助信息的传递，也可能起干扰作用。

界面设计是以功能性界面为基础，以环境性界面为前提，以情感性界面为重心的综合设计。

（4）设计展示

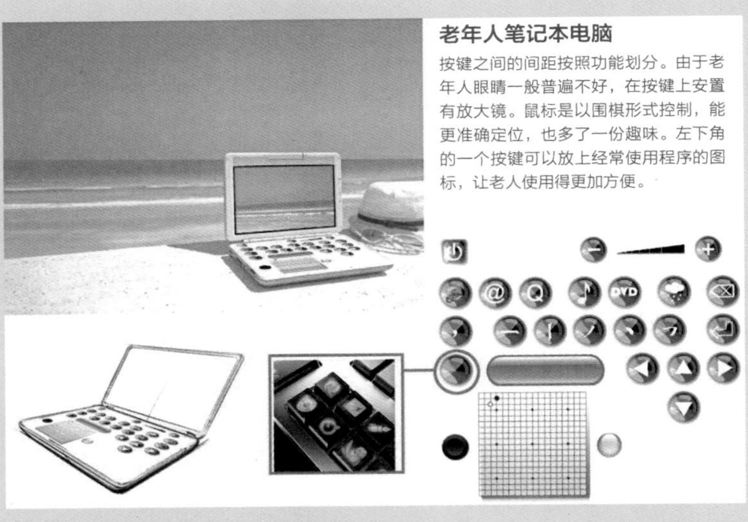

案例点评

总的来说，三个设计案例完成度较高，均能够从特殊用户群的生理特征、认知特征、心理特征出发，找到设计切入点，三个设计案例特点在于更注重产品的功能性和情感性，能够从不同人群使用特性这一角度来考虑产品键盘的具体布局，打破了传统键盘布局的局限，更多考虑用户使用特征，提升产品易用性以及趣味性，使得设计更具包容性。不足之处是，对环境性界面考虑不多，后期设计完善可从环境性界面出发。

图2-22　老年人笔记本电脑键盘再设计（设计者：万千 / 指导：于帆）

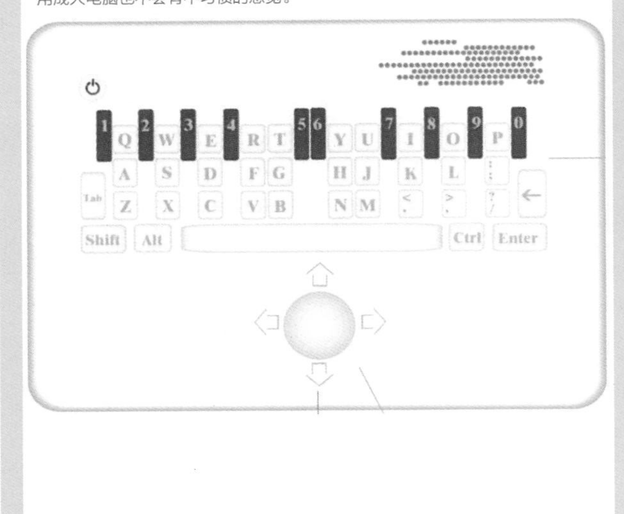

图2-23　儿童笔记本电脑键盘再设计1（设计者：王宁宁 / 指导：于帆）

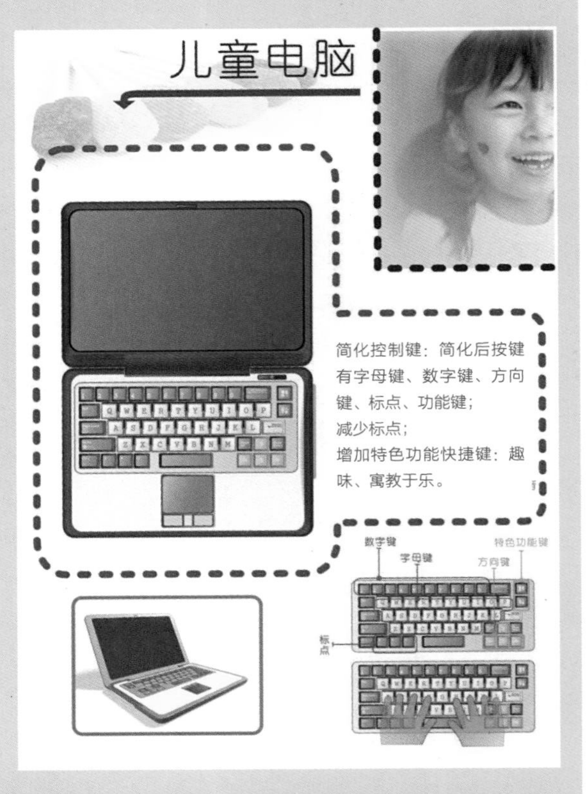

图2-24　儿童笔记本电脑键盘再设计2（设计者：马倩 / 指导：于帆）

实验 2

1. 实验名称

界面按键信息传达与表现的探究实验

2. 实验目的

探讨产品人机界面中按键信息传达与表现的关系。

3. 实验项目

小家电界面中的关“键”设计

4. 实验要求、内容与流程

（1）对产品重要按键（软硬键）进行功能和问题定位；

（2）对产品按键（软硬键）进行改良设计；

（3）对改良设计后的产品按键（软硬键）进行使用场景分析。

5. 示例

小家电界面中的关“键”设计（图 2-25）

本实验主要是以小家电为例来探讨产品重要按键（关“键”）信息传达与表现的关系，案例最后的设计成果输出均在人机界面的易用性、易辨识性等方面有一定的探索和发现，注重人与产品之间的有效交互，并在不同程度上对界面标识、尺度等方面进行了改良设计。不足之处在于，案例在完整度方面尚有待加强。在人机工程学方面，一个完整的设计项目强调前期目标人群与目标产品相关标准的查询与测定、数据分析与定位，中期的概念发散设计、草模制作、可用性测试与数据修正，以及后期的设计产出等，这个案例在可用性测试与数据修正方面尚有欠缺。

问题定位

①按钮位置不合常规；

②图标外形一样不便于区分；

③第二组按钮信息模糊；

④表示按键高低的按钮信息传达得不直观；

⑤指示灯位置不对；

⑥图标信息不直观；

⑦功能不同的键（开关与模式选择）无区别。

1

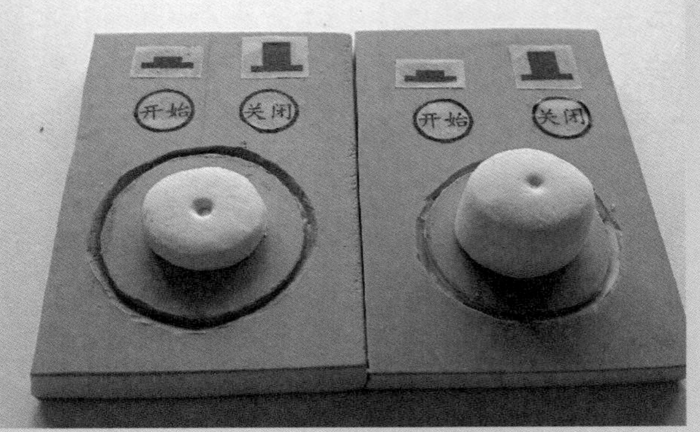

2

3

左为按键（软硬键）再设计与使用场景分析

左图（1）：模式选择，对应有奶泡与无奶泡两种模式；

左图（2）：开关，对应机器的启动与关闭；

左图（3）：开关，对应水龙头的开关。

图 2-25　小家电界面中的关“键”设计（设计者：黄媛媛、潘丹萍 / 指导：于帆）

应用方法与原则

1. 显示设计的应用原则

在需要显示的图形符号设计中，必须重视一系列产生于心理学理论的重要原则。这些原则提供了用于标明产品功能的图形符号必须具备的理想特征。

（1）图形与背景。图形与背景必须形成清晰、稳定的搭配。

（2）图形边界。采用与字体符号的色彩呈对比色的边界优于单线描绘的边界。当构成符号的图形单元为多个时，不同单元间应有区别。通常，主要图形应具备涂满的实心内部空间，以与单线描绘的相邻单元相区别。一般规定：动态符号—实心图形；移动或主动部分—空心轮廓；固定或非主动部分—实心图形。这样的规定可以避免在复合图形中可能出现的图形叠盖现象。

（3）几何形状。在简单的几何形状场合下，采用实心图形比勾勒轮廓的图形更可取。为取得较佳的辨认性，符号可分别采用下面图形：三角形和椭圆——表示区域增至最大；矩形和钻石形——表示在某个方向增至最大；星形和十字形——表示周围增至最大。

（4）闭合图形。单线勾勒轮廓的图形总能形成一个闭合图形，除非符号含义必须用不封闭的轮廓表示。但此时，其不封闭的特征必须是明确的，以免引起意义上的误解。

（5）图形的连续性。同一图形单元应完整连续，除非必须中断。但此时，其断续图形表达的形象仍必须是完整明确的。表示主轴转向的箭头可以中断，但其整体形象（弯曲的箭头）的完整性应一目了然。

（6）简明。符号必须尽量简单，过于细致的描绘无助于明确快速地解释和辨认。

（7）对称。符号尽量采用对称形式，除非不对称能增加新的含义。

（8）一致。首先，表示同样含义和事物的符号应尽量一致。这可以通过反复使用同样大小、比例来实现。其次，当实心图形与线框勾勒的图形同时并存时，将实心图形置于线框勾勒的图形内也有利于视觉上的一致性。

（9）方向。符号中占优势的轮廓应尽可能沿着水平或竖直方向。

2. 显示器设计的基本原则

通常，显示器要满足能见性、清晰性、可读性等要求，关于显示器设计的基本原则主要有以下几点：

（1）根据使用要求，选用最适宜的视觉刺激维度作为传递信息的代码，并将视觉代码的数目限制在人的绝对判别能力允许的范围内。

（2）使显示精度与人的视觉辨认能力相适应。显示精度过低，不足以提供保证人机系统正常运行的信息；显示精度过高，有时会提高判读难度和增大工作负荷，导致信息接收速度和正确性下降。

（3）尽量采用形象直观的并与人的认知特点相匹配的显示格式。显示格式越复杂，人的认读和译码时间越长，越容易发生差错。应尽量加强显示格式与所表示意义间的逻辑关系。

（4）对同时呈现的有关联的信息，尽可能实现综合显示，以提高显示效率。

（5）目标与背景之间要有适宜的对比关系，包括亮度对比、颜色对比和形状对比等。一般认为，目标要有确定的形状、较高的亮度和明亮的颜色，必要时还要使目标处于运动状态。背景相对于目标应较为模糊、颜色深暗、亮度较低，并尽量保持静止状态。

（6）具有良好的照明质量和适宜的照明水平，以保证对目标的颜色辨认和目标辨认。

（7）根据任务的性质和使用条件，确定显示器的尺寸和安放位置。

（8）要与系统中的其他显示器和控制器在空间关系和运动关系上兼容。

3. 输入装置的通用设计原则

输入设备包括键盘与非键盘输入装置两类，其中，键盘的设计对用户工作效率、效果以及满意度都有影响。商品化的通用键盘一般已充分考虑了人机工程原则，保证了用户准确而迅速地找到并操作相应的键，而无不适感。影响用户输入效率的键盘特征包括：字母键和数字键的布局、不同语言文字的变换方式、各种键的物理性能以及键盘的总体设计等。键盘的某些特性还可能影响用户的姿势，比如键盘的高度（厚度）连同其支撑台面的高度和厚度如设计不当，就可能使用户采取不好的姿势。而非输入键盘包括鼠标、控制杆、跟踪球、图形输入板、输入笔、触摸屏、语音输入等，非键盘输入具体装置的通用设计要求有以下几点：

（1）输入装置的分辨率应支持任务要求的精度，且使用输入装置时可随时重新定位。

（2）按钮设计方面，应有足够的操作阻力，以保证在正常使用中不致意外动作，且设计应保证出现意外动作时也不会引起指针意外移动；外形应适宜手指定位和操作按钮；按压位移力应在0.5N~1.5N之间，且最小按压位移可为0.5mm，以便给出动觉反馈，最大位移不超过6mm；应提供硬件或软件闭锁，使按钮在执行期间处于连续按压状态。

（3）能够支持单手操作或左右手同时操作，且使用时应不致形成人体压痛点，使人不舒适或降低工作效率。

（4）装置握持面大小、形状和粗糙程度应保证输入装置不会从手中滑落，且装置应置于人手可及范围内，此外接触操作者皮肤在10min以上的表面，温度低于40℃。

（5）输入装置（诸如光笔、触摸屏）和软件应用，可能引起目标图像视差和折射位移的，在设计中应考虑让用户在这些光学特性下仍能看清目标的位置。

（6）输入装置在使用中的各种动作（包括平移、转动以及操作按钮），只要是在正常范围内，就不应该因输入装置的重量（因而其惯性）影响输入的精确度。

（7）因输入装置的相对位置不同而产生的增益，应适合于任务，而且用户可调。

（8）用于直接指向、选择或曳动的输入装置，应设计成让用户能够在任务精度范围内，达到如下的信息通过量：用手（手腕）控制时，2bit/s；用手指控制时，3bit/s。输入装置不应降低人体上肢肌肉的控制功能。

（9）输入装置应设计成用户不用特殊工具就能清洗或调整的装置。

4. 软界面设计的应用原则

在设计中，下述原则要作为总的设计指导思想和衡量标准。但需要说明的是，为了在设计过程中应用这些原则，必须把其转化为人机界面不同方面的指南。指南同样也要通过特定应用的前后关系，转化为设计原则。当然，如能建立起一套简单的适用于一切情况的指南也许很有吸引力，但人和系统都是很复杂的，在现实中这种简单的指南只会产生错误的指导作用。软界面设计的应用原则主要有：

（1）一致性

是指任务、信息的表达和界面设计的其他侧面理解到的模式的相似性。一致性能减少人的学习负担，并通过提供熟悉的模式来增强认知能力。模式越一致，需要学习的东西就越少，界面使用起来就越容易。

（2）兼容性

在用户的期望和界面设计的现实之间要兼容，即新的设计应该兼容于（基于）用户以前的经验。这有助于增强认知能力、减轻学习负担，使界面更容易使用。

（3）适应性

1）用户应该处于控制地位，而不是计算机。界面要适应用户的工作速度，不强迫其连续不断地集中注意力。

2）界面应适应用户个人的特征、技术水平等，否则会违背兼容性原则。

3）适应性不宜做得过分，否则会减少系统的一致性。

（4）经济性

把用户实现一个操作所必需的步骤减至最低，尽可能减少用户的工作。

（5）指导性而不是控制

界面应通过提示和反馈信息来指导用户。应依据用户的命令，以用户的步调来运行，不要试图控制用户。这个原则有两部分：

1）预测性——用户能从一个系统目前的状态，预测到下一步该做什么。

2）返回性——在用户发生错误的时候能按照其愿望回溯。

（6）结构性

界面设计应该是结构化的，以减少复杂性，因为人进行信息处理是根据其理解的框架对信息进行分类和结构化的。结构化应该和用户的知识结构相兼容，并且不要使记忆负担过重，这引出了另一个要求：简单化和相关性。信息应该这样组织：用一种简单的方法，只把有关的信息提供给用户。

5. 色彩的应用原则

当选择使用彩色人机界面时，颜色的选择非常重要，所选颜色应当容易区分，在使用彩色按钮时尤为重要。有人对 CRT 管显示器的色彩进行了研究，在射线角度大于 45° 时观测者可以分辨出 6 种色彩，而在小于 20° 时，只能准确分辨出 4 种色彩。注意到所有色彩都是位于垂直角度附近来表示其色彩显示区域的。在色彩选择时，分散点的色彩系列设计不必保证各点之间颜色明显的区分，因为在同其他周围颜色发生对比或者环境的亮度和光线的饱和度发生变化时很容易被分辨开来。降低颜色的饱和度可能会减少色彩的适应性、同化效应、色光效应以及对比效应，但阿布尼效应则会得到增强。

色彩应用原则主要从功能性、安全性以及美学等方面出发，基于功能性、安全性的色彩应用原则主要倾向于视觉信号表面色与灯光信号色的应用，具体有：

（1）在所有使用表面色的视觉信号系统中，应尽可能地减少颜色的数量。易于辨认的颜色是红、黄、绿、蓝、黑和白色。橙、紫、灰和棕色可用作辅助色，使用时应避免发生任何混淆。

（2）当信号标志只用于为近距离或中等距离提供信号时，如公路交通信号标志，可使用对比色组合，采用有特色的符号和不同形状来帮助辨认信息。

（3）当信号标志用于为远距离提供简单信号时（如海上信号装置）不应将光标表面分割成不同的颜色区域，以免由于视觉锐度的限制，可能会造成颜色的混淆。但如果每个光标只使用一种颜色，则整个系统的颜色一般应不超过三种，首选颜色应是红色。

（4）为特殊信号系统选择颜色时，通常是给每种颜色规定比本标准确定的范围更小的色品范围和亮度因数界限，以使系统内部各种颜色更加一致。当系统中的信号标志相距较近而连续出现时，更应如此。还应避免同一系统的不同信号标志间颜色纯度发生大的波动。

（5）在选择信号系统使用的颜色时，探测信号标志以及辨认它的形状都需要信号标志与其所处环境的亮度或色品形成鲜明对比。同样，文字和符号是否可读也取决于它们和背景色之间的对比度。

（6）信号标志应适时检查并清洁处理，以解决积垢、烟熏变黑、盐的沉积等造成颜色的变化问题。

（7）颜料和其他材料的颜色可能会因露天放置、污染和积垢烟熏造成的老化而发生变化。一些材料，尤其是塑料材料和荧光色材料在日照作用下会发生颜色的改变。为确保一旦颜色不再符合标准的范围能够及时更换表面色材料，应有必要定期的检查。

（8）灯光信号颜色为红色、黄色、白色、绿色和蓝色，不得使用其他颜色，指示灯的颜色及其含义如表 2-10 所示。值得注意的是：一是紫红色不适宜用作光信号，因大气选择性吸收了紫红色光的蓝色成分，而使紫红色容易与红色混淆；二是紫色不适宜用作光信号，因为它容易与蓝色混淆；三是橙色不适宜用作光信号，因为它容易与红色和黄色混淆；四是信号系统通常由不超过四种颜色构成。

基于美学法则的色彩应用原则主要倾向于符合色彩的形式美，其核心是“变化与统一”。其规律可概括为两点：

（1）整齐划一的单纯美。

（2）多样统一的繁复美。

色彩形式美主要规律的应用，见表 2-11。

指示灯的颜色及其含义 **表 2-10**

颜色	含义	说明	举例
红	危险或告急	有危险或须立即采取行动	润滑系统失压、温度已超（安全）极限、因保护器件动作而停机、有触及带电或运动的部件的危险
黄	注意	情况有变化或即将发生变化	温度（或有压力）异常、当仅能承受允许的短时过载
绿	安全	正常或允许进行	冷却通风正常、自动控制系统运行正常、机器准备起动
蓝	按需求指定用意	除红、黄、绿三色之外的任何指定用意	遥控指示、选择开关在“设定”位置
白	无特定用意	任何用意。例如：不能确切地用红、黄、绿时，以及用作“执行”时	—

色彩形式美的主要应用规律 **表 2-11**

规律	内容说明	表现手法
总调（主调）	是色彩整体调子，它是由总面积量大的色彩来决定的感受	以高明度色为主的组合，有明亮、轻快感；反之，有暗淡、庄重感
和谐	和谐是色彩对比与色彩调和的特殊统一性	一般是大调和中有小对比：冷色总调中有小面积暖色；反之，有小面积冷色
均衡	均衡是均齐（对称）与平衡的统称，一是自然物像结构之美，另一是结构之美的变化形态	暖色或纯色比冷色或浊色面积越小越平衡。 小面积强烈的高彩度色与大面积同明度的低彩度色组合，有平衡感
韵律	韵律又称为律动、节奏，它美于形与色的静态、动态、面的分割三方面	色调、明度、彩度的渐变则产生阶调的节奏。 将强、中、弱的三色组合成中、弱、强或弱、强、中，则产生抑扬顿挫的生动节奏

2.3 设计实践

2.3.1 课题1 工具与器具

工具与器具的界面与交互系统

非专业性的工具与器具是日常生活类消费产品的一部分，其中工具可以大致分为手动工具、电动工具和手动、电动混合工具；器具包括家用电器、厨具、家居用品等。这一类产品大多在固定的家居环境中使用，满足日常居家生活中各种功能需求。相对于其他功能性产品，使用人群相对固定，功能相对简单、明确、熟悉，容易操作控制、安全性好。

此类工具与器具的功能差异大、种类多，其人机交互界面的类型也更为多样化。由于在日常生活中使用频率高、在反复使用过程中往往熟能生巧，渐渐养成习惯，因此，相同工作原理的同类产品也就形成了相对稳定的人机交互模式与界面形式。

例如，在各种家用工具中，钳子是一种典型的手动工具，其人机交互的界面主要是把手。把手的

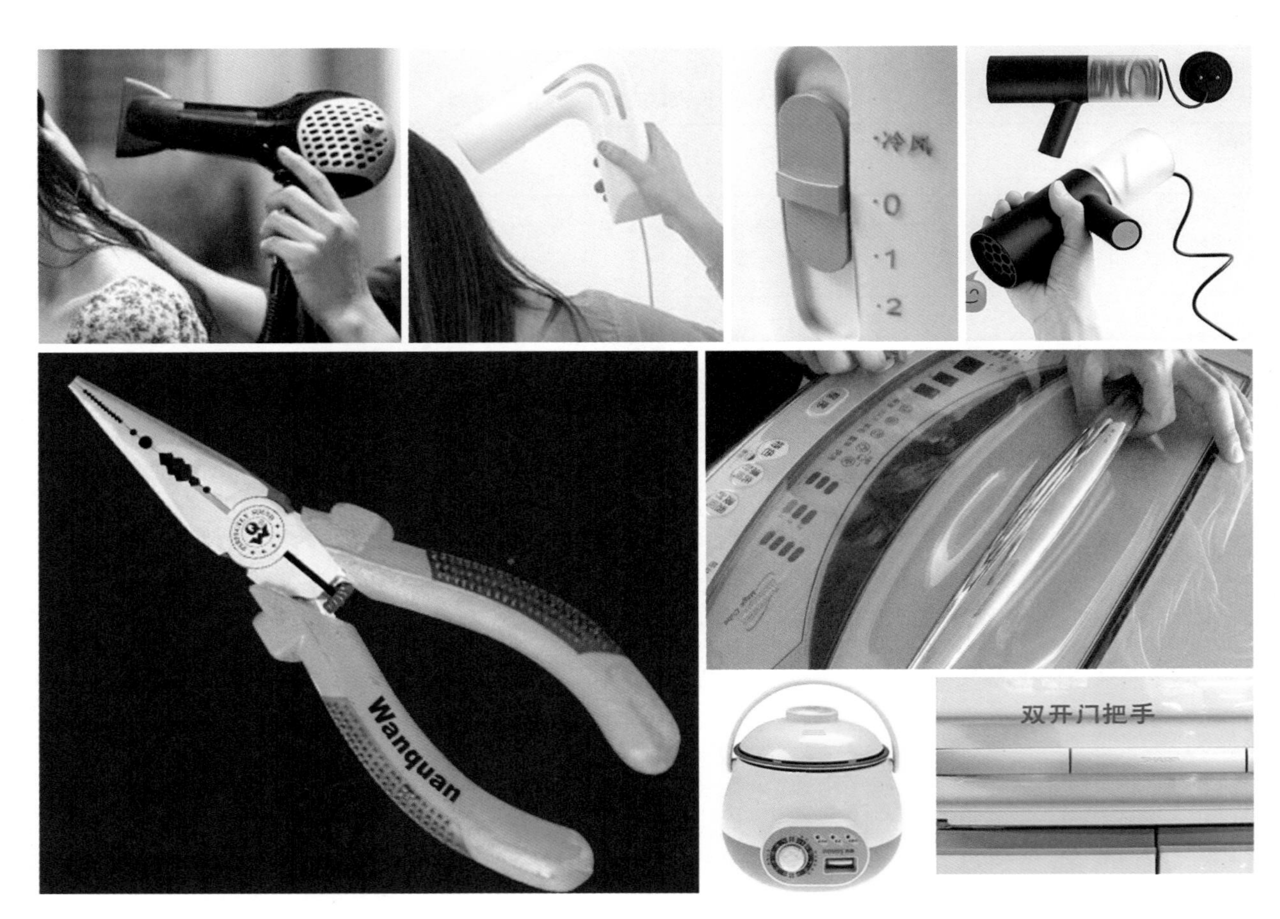

图2-26 工具与器具的界面与交互

形状、肌理、尺度及质感等与手掌相接触，构成了一个界面与交互系统，给使用者带来不同的操作使用感受。电吹风是常用典型的电动工具。电吹风的把手、开关按键和调控结构是主要的人机交互界面，其形状、肌理、尺度、颜色、质感和操控结构、形式与人操作使用的动作、姿势等构成了一个界面与交互系统，决定了安全、有效、舒适等操作使用感受（图 2-26）。

无论手动还是电动类工具的人机交互界面，其大小、形状、表面状况应与人体实施操作部位的尺度和解剖条件适应；使用工具时的姿势、体位应自然、舒适，符合相关肢体部位的施力特性；使用过程中不能让同一束肌肉既进行精确控制，又用很大的力量，即应该让负担准确控制的肌肉与负担出力较大的肌肉相互分开；避免不协调的出力方位和静态肌肉施力；避免掌部组织受压和重复动作。必须以一定的形式向其使用者提供充分的感官反馈，如压感、一定的震动、触感、温度等；并注意照顾女性、左手优势者等群体的特性和需要。

工具与器具的界面与交互系统设计

1. 课题名称

工具的改良设计

器具的改良设计

2. 课题项目

工具组：手持电钻手柄的改良设计

器具组：共享洗衣机操控面板的改良设计

器具组：家用洗衣机操控面板的改良设计

3. 课题要求

（1）研究目的；

（2）目标人群人体标准数据查询与采集；

（3）目标产品标准数据查询与采集（尺度、色彩、界面标识、表面肌理）；

（4）数据分析与问题定位；

（5）草图方案（手绘）与草模展示（照片）；

（6）草模可用性测试与数据修正（过程照片）；

（7）最终效果展示（渲染效果图或实物照片）。

4. 课题作业展示与评析

（1）工具组：手持电钻手柄的改良设计（图片为学生作业，设计者：陈禹希、翁雯星/指导：于帆）

（2）器具组：共享洗衣机操控面板的改良设计（图片为学生作业，设计者：张玥盈、丁文路/指导：于帆）

（3）器具组：家用洗衣机操控面板的改良设计（图片为学生作业，设计者：刘东阳、韦一/指导：于帆）

产品界面设计研究

——工具组　手持电钻手柄

案例解析

手持电钻的目标人群标准数据查询与采集部分，主要针对使用者的手部数据（手宽、拇指长宽、食指长宽、握距）和使用电钻所涉及的感知特性进行查询与采集。

不足之处是手部数据的人体数据采集不到位，还应增加手部握距的数据等。

长处是采用墨水获取手部接触面积的方法直观有效。

1. 研究目的

（1）了解从人机工程学角度对产品进行设计的流程和方法。

（2）了解手持电钻手柄的产品数据与人体数据之间的对应关系。

（3）探讨手持电钻手柄人机界面中手柄按键的信息传达。

2. 目标人群人体标准数据查询与采集

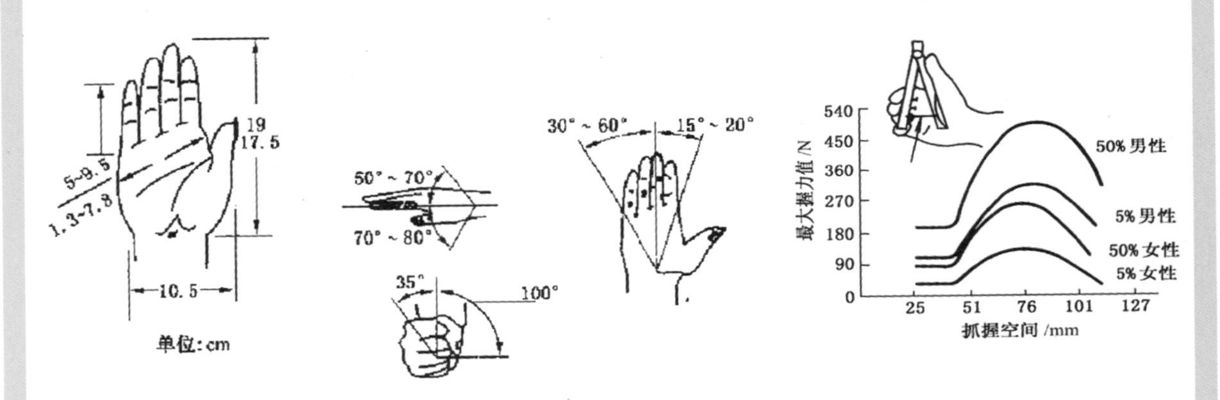

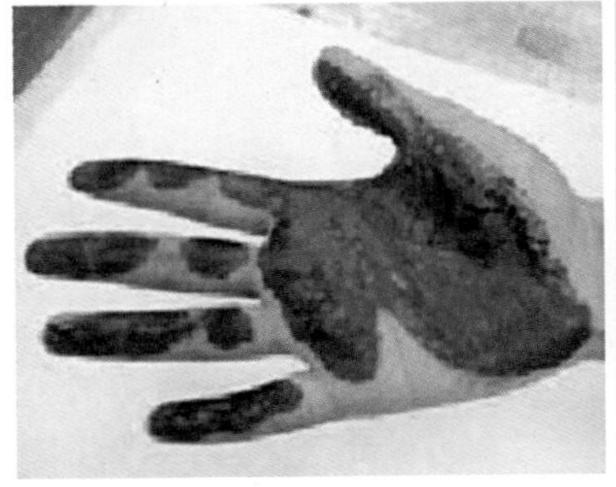

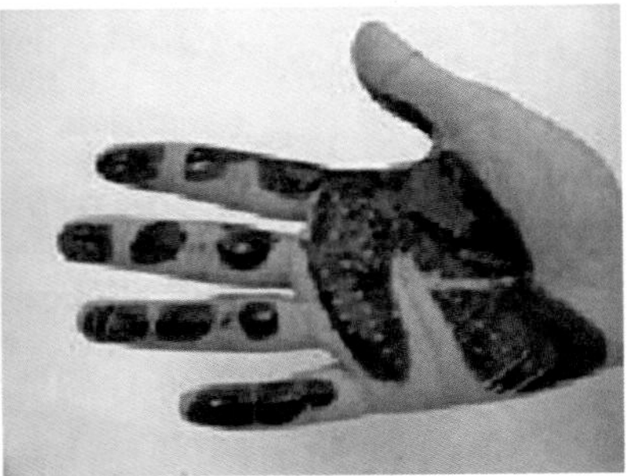

握紧状态

握住状态

研究握紧和握住的状态下手与手柄的接触面积，以确定施力部分和受力部分的位置与大小。

产品界面设计研究

——工具组　手持电钻手柄

案例解析

手持电钻的目标产品标准数据查询与采集部分，主要针对电钻的尺度（手柄长度、直径、周长、按键长宽厚）、色彩、界面标识（按键形状、图形符号）、材质与表面肌理进行数据的查询与采集。

不足之处是电钻的尺度标注不规范、界面标识的数据采集没有相对应的细节。

3. 目标产品标准数据查询

（1）目标产品尺寸

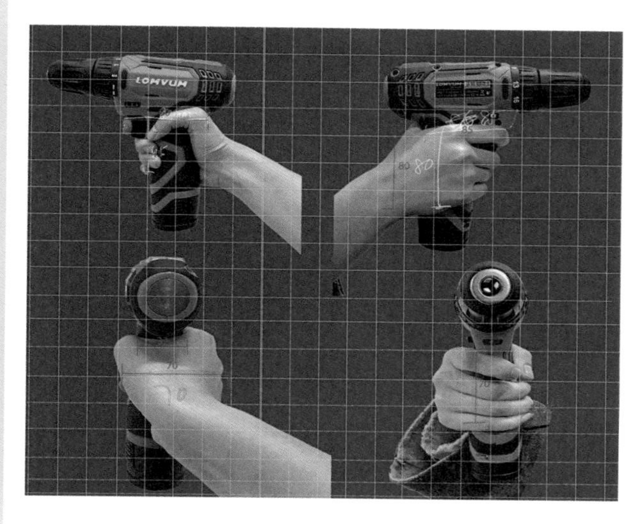

（3）目标产品界面标识

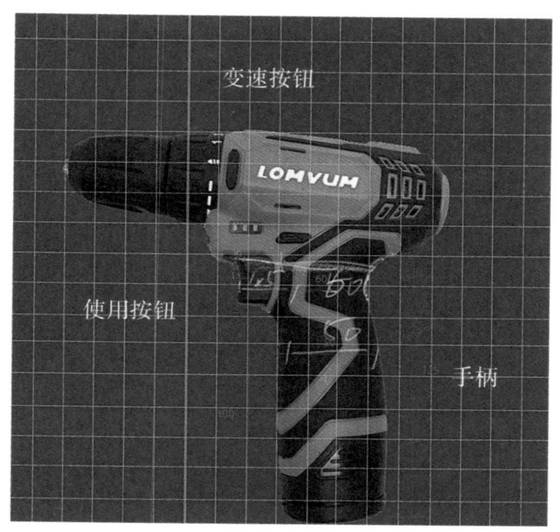

（2）目标产品色彩

辅助颜色：cc5a49

主体颜色：1e2326

启动按钮：长方体方块，接触手的部分有倒角，食指向内捏下的部分则是内凹的形状，贴合食指。

变速按钮：变速按钮在电钻顶部，按钮小，细长。

（4）目标产品材质与表面肌理

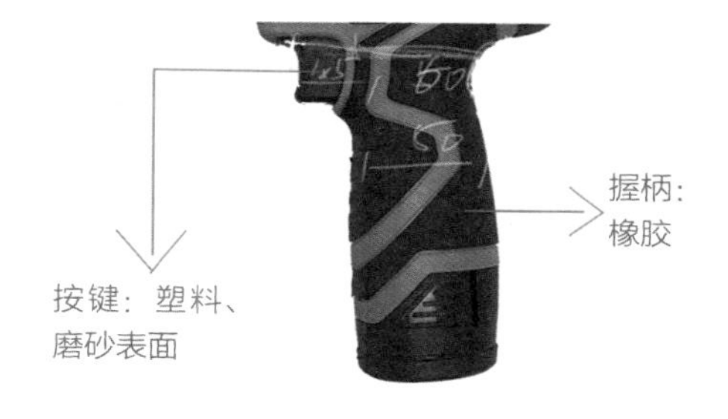

产品界面设计研究

——工具组 手持电钻手柄

案例解析

手持电钻的数据分析与问题定位部分，主要是对采集与查询到的电钻数据进行人机工程学角度的分析。分析手持电钻动态使用范围，分析使用状态中的不舒适、不方便、不利于操作的情况，针对这些情况进行问题定位。选择要改良的问题，着重分析。

长处是考虑到将工业上使用的手持电钻改良成家用的手持电钻的细节处理。

■ 4. 数据分析与问题定位

（1）数据分析

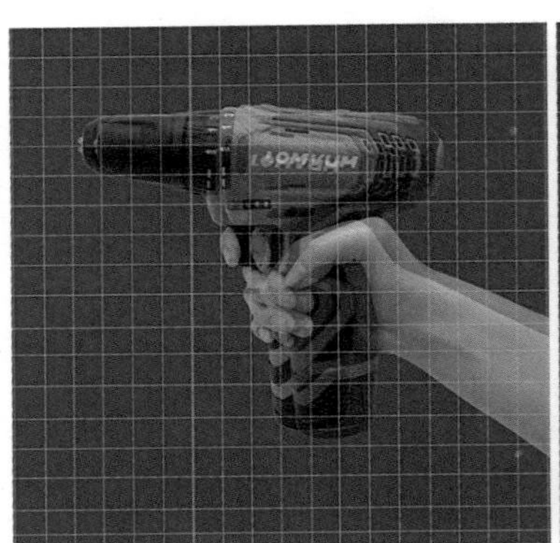

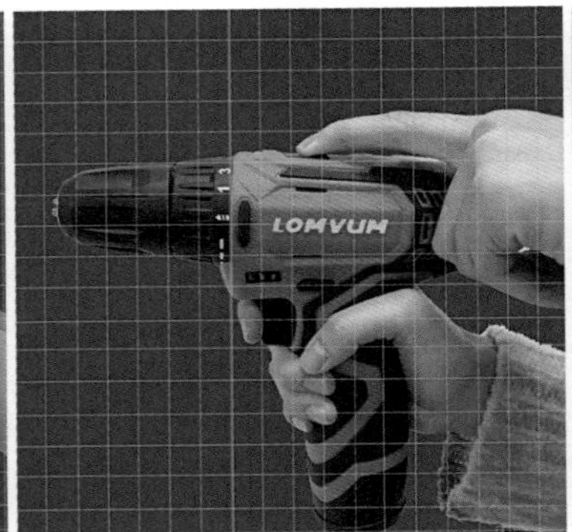

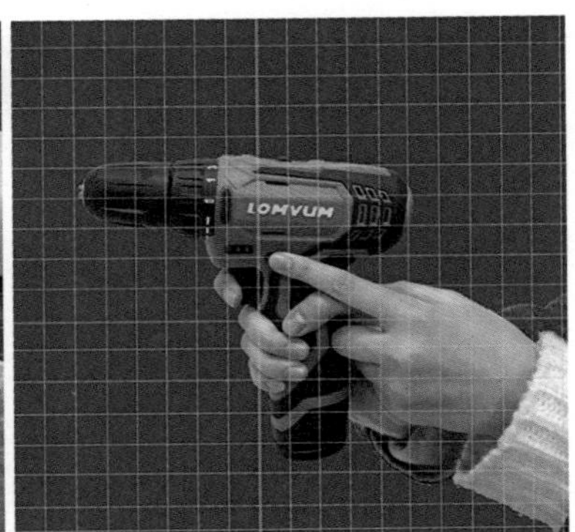

操作过程的感受：

①对于非专业人士偏重，偏大，握把直径大，一只手拿有些吃力。

②使用时需要一直按住开关，长时间容易造成食指疲劳，且在强震动下容易手指移位，但是便于控制启用和停止。

③调节速度和旋转方向的开关在电钻上不方便操作，也不易辨认，但是也不容易误操作。

④橡胶手感较好，颜色太工业化，不适合家用。

⑤大拇指与中指、无名指、小拇指的握姿不太舒适，久握或在强震动下容易疲劳或脱离。

⑥食指按键下凹感较舒适，但内按的方向不舒适。

（2）问题定位

①针对握把偏大、偏重的问题，合理缩小握把尺寸，以家用作为主要设计目标，尽量满足非专业人士的使用需求。

②针对开关需要按住的问题，将开关改成按下启动的模式。

③针对颜色工业化的问题，合理配色，使其更宜家。

④针对大拇指与中指、无名指、小拇指握姿不舒适的问题，根据手指的国标尺寸对握把进行下凹处理。

⑤针对按键方向不舒适的问题，结合手的抓握方式，将按键改成顺食指受力方向的下按。

产品界面设计研究

——工具组　手持电钻手柄

案例解析

手持电钻的方案与草模展示部分，主要针对提出的问题定位进行设计，画出草图，根据草模制作草模，用于草模测试。

草模可用性测试与数据修正部分，主要将制作的草模进行可用性测试，在测试过程中不断修正使用体验，从而对方案进行修改。

不足之处是没有详细记录可用性测试的过程与结果。

5. 草图方案与草模展示

（1）草图方案

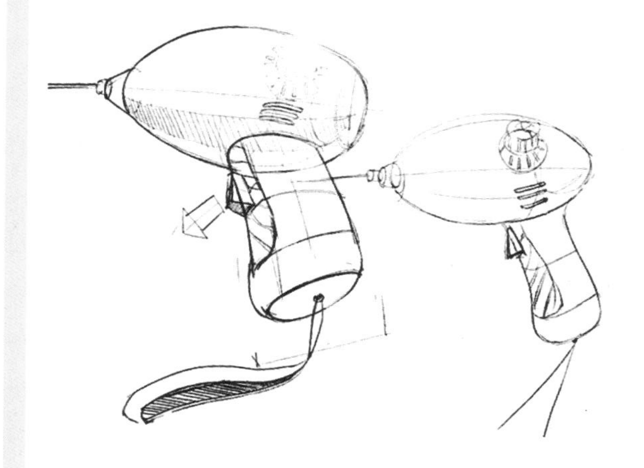

（2）草模展示

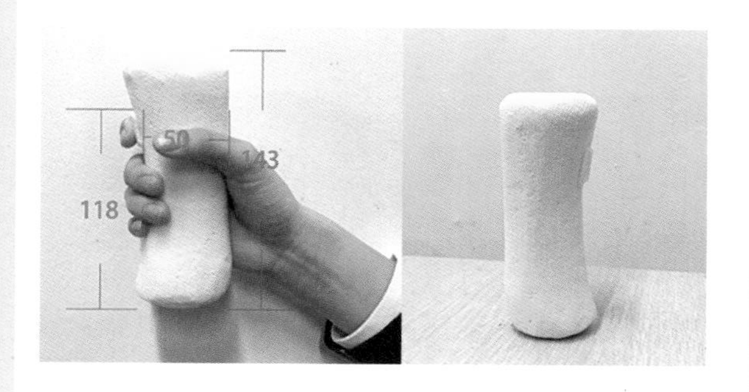

（3）制作过程

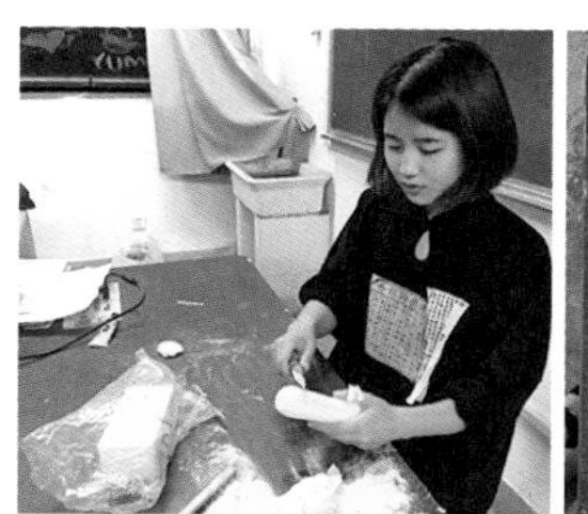

6. 草模可用性测试与数据修正

（1）可用性测试

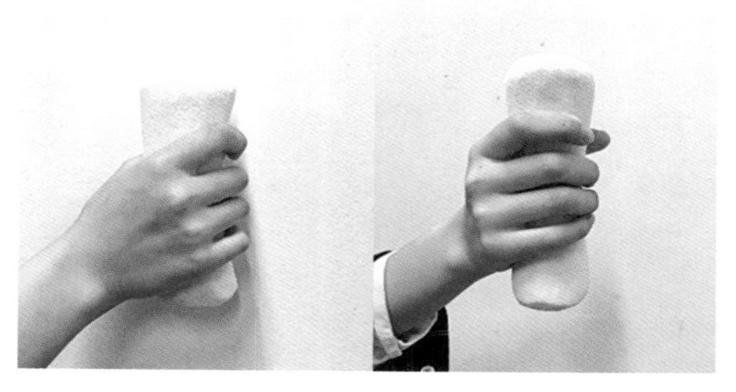

测试反馈：拇指、食指、中指握姿不够舒适；

按键不够舒适；体量依然偏大。

（2）数据修正

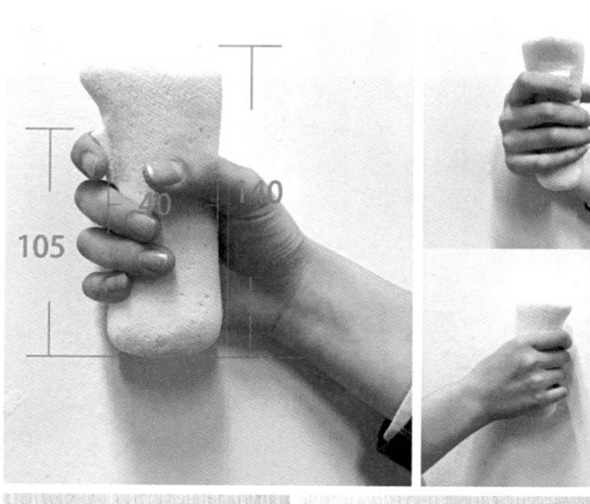

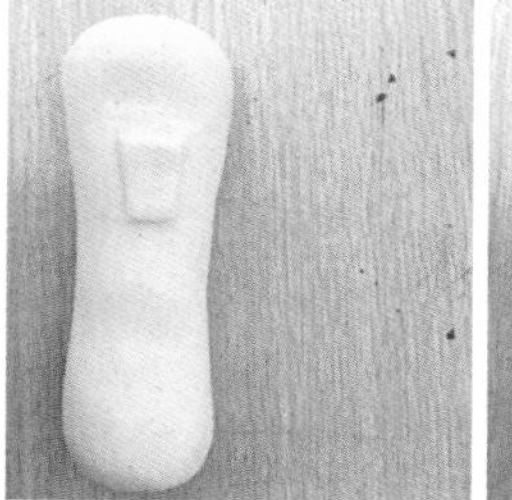

产品界面设计研究

——工具组　手持电钻手柄

案例解析

手持电钻的最终效果展示部分，主要是采用绘图、建模、实物等方式对最终效果进行展示。具体内容包括：产品的外观、配色、尺寸、设计说明、新旧手持电钻的对比。

7. 最终效果展示

（1）效果展示

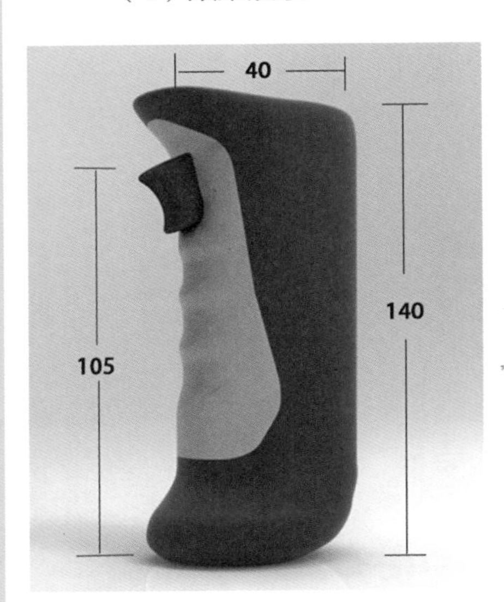

设计说明：

该手柄为改良后家用电钻手柄，柄身较小较轻便，方便握住使用，设有贴合手指的下凹纹路，防止长时间使用导致手部疲劳，以及强烈的震动导致电钻从手中脱离。按键设置沿用了传统电钻的形状，但是在下按方向上进行了更适合食指施力方向的改动。材质也沿用传统的橡胶作为外壳，保持舒适感。配色上使用了更加家庭化、简约化的配色，使其更适合家用。

（2）对照展示

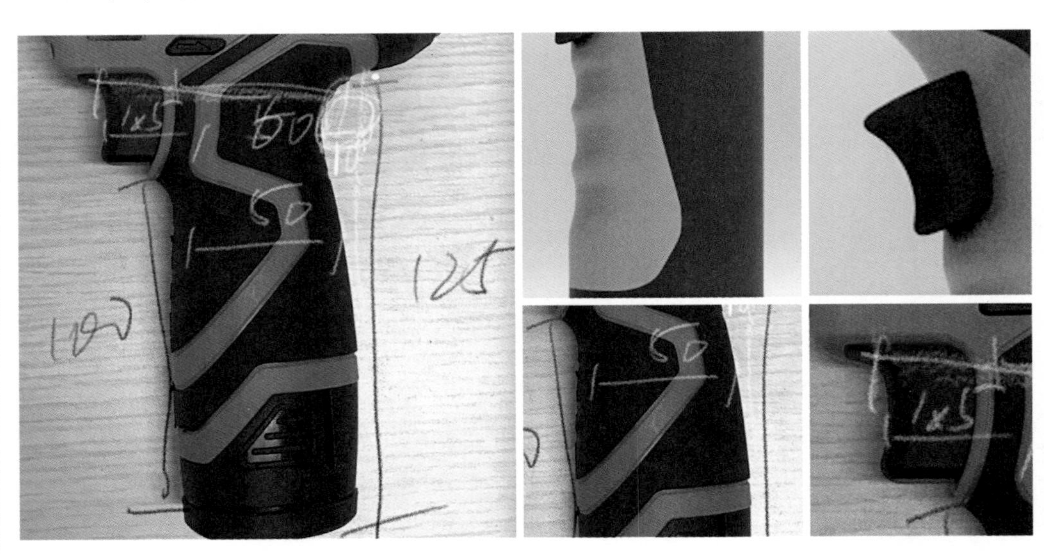

普通工业电钻　　握把部分　　按钮部分

产品界面设计研究

——器具组　洗衣机操控面板

案例解析

洗衣机操控面板的目标人群标准数据查询与采集部分，主要针对使用者的眼高、立姿手操作范围、食指长宽、视野范围、人眼与操控面板的距离和使用洗衣机操控面板所涉及的感知特性进行查询与采集。

1. 研究目的

（1）了解从人机工程学角度对产品进行设计的流程与方法。

（2）了解共享洗衣机的产品数据与人体数据之间的对应关系。

（3）探讨共享洗衣机人机界面中信息传达与表现的关系。

2. 目标人群人体标准数据查询与采集

（1）眼高

男 1429~1714mm，女 1333~1588mm

眼高跟身高有关，故差值较大。

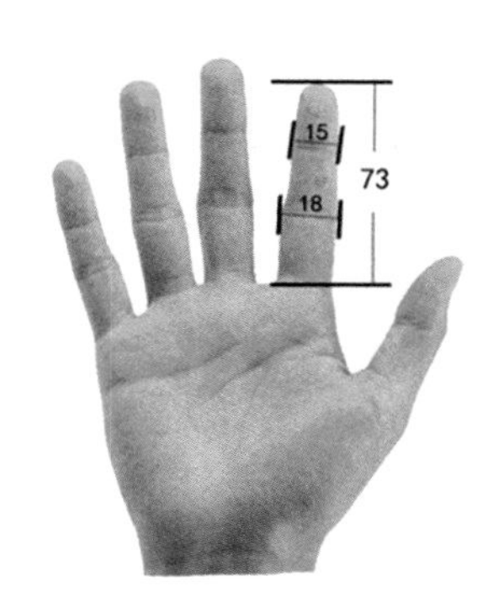

（2）立姿手操作范围

此部分相关数据是肘高和手功能高。

肘高：男 921~1140mm，女 871~1060mm

手功能高：男 651~831mm，女 628~784mm

（3）食指长宽

由国标可见，男女食指长宽的分布相对集中，数据较有普遍性。

食指长：男 60~79mm，女 57~76mm

食指近位指关节宽：男 17~21mm，女 15~20mm

食指远位指关节宽：男 24~19mm，女 13~17mm

（4）视野范围

视野。视野分为单眼视野和双眼视野两种。在水平面内，最大固定双眼视野为 180°，扩大的视野为 190°；而在垂直面内，以水平视线为基准，最大固定视野为 115°，扩大的视野为 150°。实际上，垂直面内人的自然视线低于标准视线，直立时低 15°，放松站立时低 30°，很松弛的状态下，站立和坐着时自然视线标准视线分别为 30° 和 38°。观看展示物的最佳视区为低于标准视线 30° 的区域内。当人们在观看物体时转移视线，会有约 97%的时间段内的视觉是不真实的。

（5）人眼与操控面板的距离

观察各种装置时，视距过远或过近都会影响认读的速度和准确性。一般情况下，视距范围为 38～ 76cm。其中，56cm 处最为适宜，低于 38cm 时会引起目眩，超过 78cm 时细节看不清。此外，观察距离与工作的精确程度密切相关，应根据具体任务的要求来选择最佳的视距。

产品界面设计研究

——器具组 洗衣机操控面板

案例解析

目标产品标准数据查询与采集部分，主要针对洗衣机操控面板的尺度（面板长宽、面板离地高度、按键大小、旋钮直径和厚度、显示屏尺寸、显示字符大小）、色彩、界面标识（按键形状、图形符号、旋钮形状）、材质与表面肌理进行数据的查询与采集。

不足之处是尺度标注不规范，界面标识数据采集不全。

3. 目标产品标准数据查询与采集

（1）目标产品尺寸

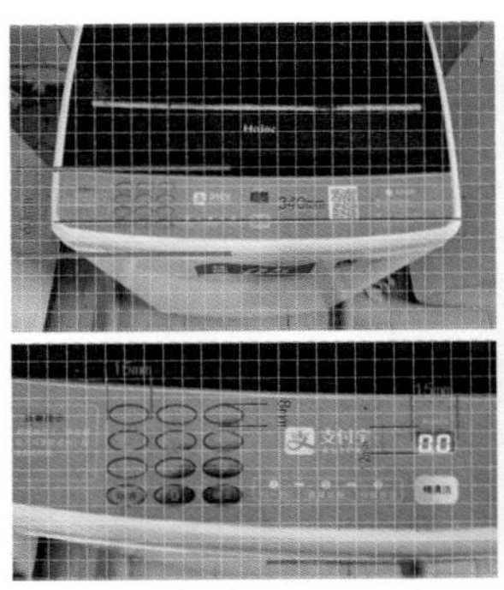

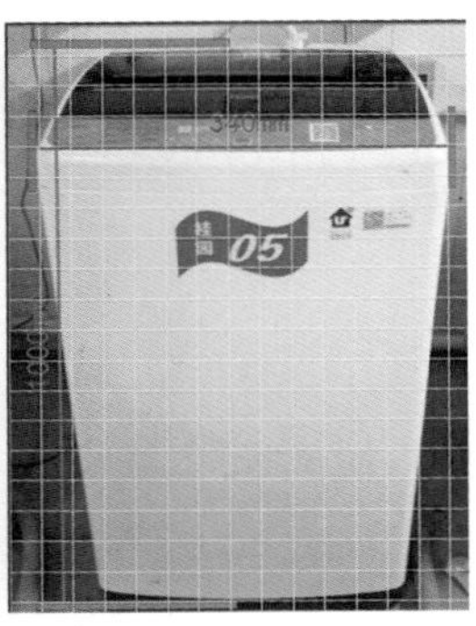

面板长：340mm，面板宽：60mm

按键大小：按键长 15mm，按键宽 8mm，厚 2mm

显示字符大小：长 12mm，宽 8mm

显示屏尺寸：显示屏长 15mm，显示屏宽 12mm

面板离地高度：1000mm

（2）目标产品色彩

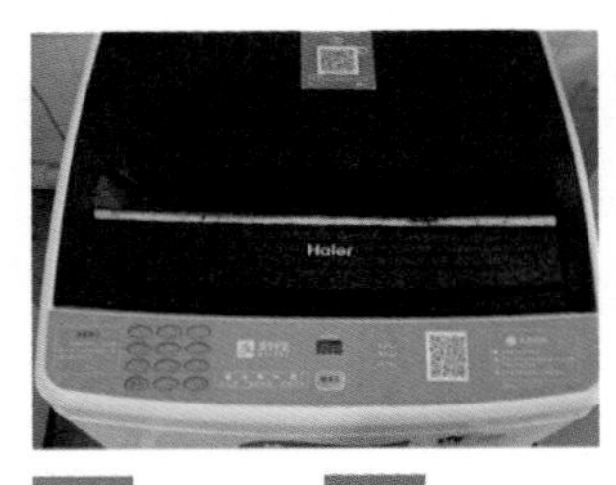

主体颜色　辅助颜色

共享洗衣机表面颜色

- 蓝色为底色
- 按钮底色为灰色
- 数字为蓝色
- 取消键为黑色
- 桶清洁键为黑色
- 灯光信号为红色

（3）目标产品界面标识

洗衣机控制面板

按键形状：椭圆形

图形符号：功能选择键是椭圆形，比较柔和；上面印有支付宝广告，为长方形；以画圈式数字的形式教学使用方法。

功能按键形状：圆角长方形

屏幕形状：圆角长方形

（4）目标产品材质与表面肌理

材质：透明 PP、透明 ABS、钢化玻璃、透明 PET、透明 AS、透明 PC 等

表面肌理：平滑

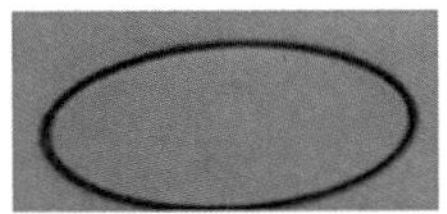

材质：塑料

表面肌理：平滑、有弹性

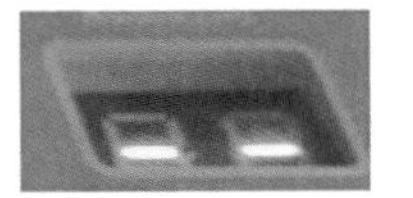

材质：PC 板

表面肌理：透明、坚硬

产品界面设计研究
——器具组 洗衣机操控面板

案例解析

数据分析与问题定位部分，主要是对采集与查询到的洗衣机操控面板数据进行人机工程学角度的分析。分析洗衣机面板动态使用范围，使用状态中的不舒适、不方便、不利于操作的情况，针对这些情况进行问题定位。选择要改良的问题，着重分析。

4. 数据分析与问题定位

（1）数据分析

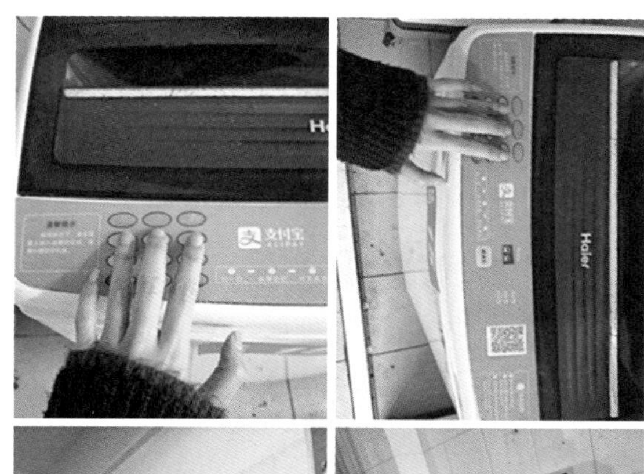

共享洗衣机：洗衣机的立姿动态使用范围

主要活动部位是手指，按钮间隔为食指、中指、无名指的间隔大小，人站立看洗衣机面板时的距离也合适。亲自试验的同学身高170+cm，高于面板70+cm。按国标来看，男性眼高范围是1429~1714mm；女性眼高范围在1333~1588mm。故均低于眼高范围。

（2）问题定位

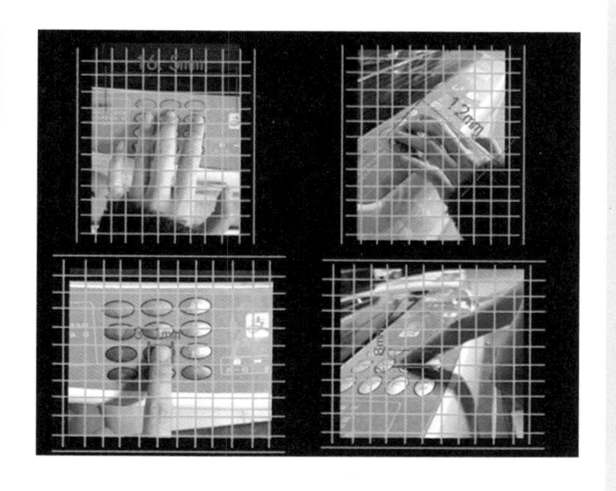

①洗衣机面板的按钮在使用时有时过于光滑，容易滑动，以至于按错按钮，因此对按钮的触感方面进行改良。

②视觉方面天蓝色和白色对比不大，所以改良背景颜色，使其更清晰。

产品界面设计研究

——器具组 洗衣机操控面板

案例解析

方案与草模展示部分，主要针对提出的问题定位进行设计，画出草图，根据草模制作草模，用于草模测试。草模可用性测试与数据修正部分，主要将制作的草模进行可用性测试，在测试过程中不断修正使用体验，从而对方案进行修改。

不足之处是没有详细记录可用性测试的过程与结果。

最终效果展示部分，主要是采用绘图、建模、实物等方式对最终效果进行展示。

5. 草图方案与草模展示

（1）草图方案

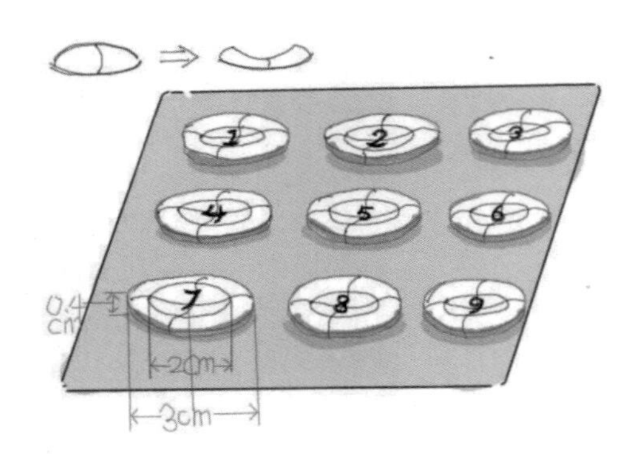

（2）草模展示

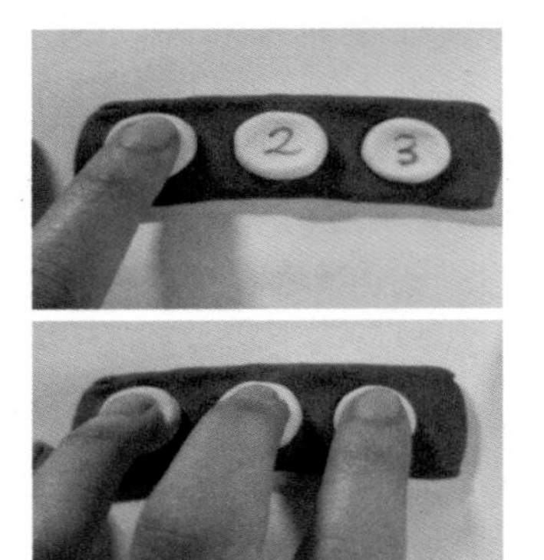

（3）制作过程

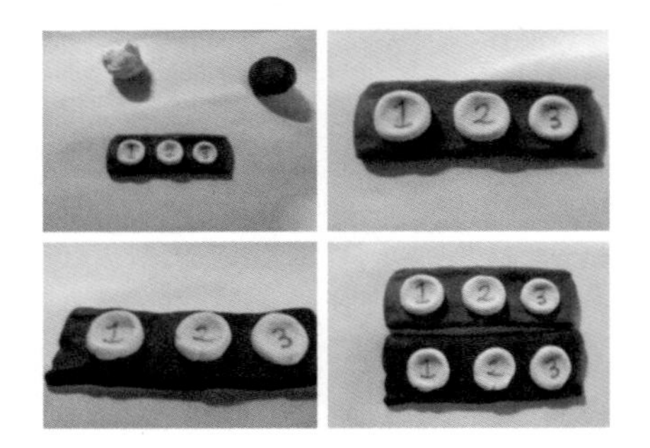

6. 草模可用性测试与数据修正

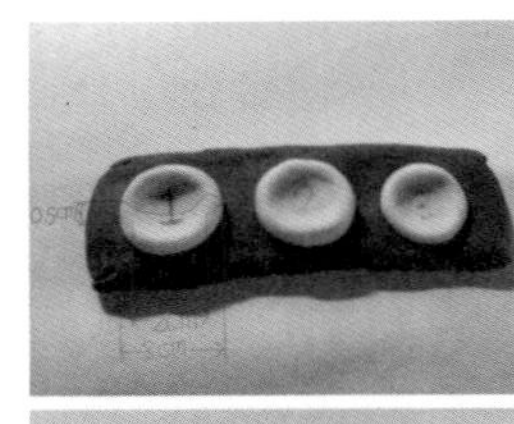

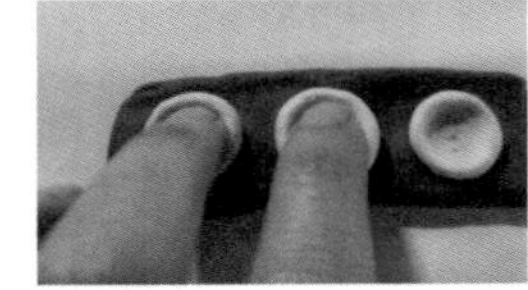

由此可见，凹面弧度应在考虑范围内，因为：

（1）凹面过于平坦和凹进使用时舒适度不高。

（2）凹面过于平坦，难以解决滑动的问题。

（3）凹面过于凹进易划伤指甲，所以改进凹面深度，控制在5mm内。

7. 最终效果展示

设计说明：

（1）按钮形状方面：原来按钮形状为单一突起，容易滑落，所以增加一个凹下去的圆，能够减少按错的可能。

（2）颜色方面，天蓝色和白色对比不明显，改为黑色或者深蓝色，又由于黑色和机身过于相似，所以最终决定改为深蓝色。

产品界面设计研究
——器具组　洗衣机操控面板

案例解析

洗衣机操控面板的目标人群标准数据查询与采集部分，主要针对使用者的眼高、立姿手操作范围、食指长宽、视野范围、人眼与操控面板的距离和使用洗衣机操控面板所涉及的感知特性进行查询与采集。

1. 研究目的

（1）了解从人机工程学角度对产品进行设计的流程与方法。

（2）了解家用洗衣机操控面板的产品数据与人体数据之间的对应关系。

（3）探讨家用洗衣机人机界面中信息传达与表现的关系。

2. 目标人群人体感知特性标准数据查询与采集

（1）视觉机能

视角指的是被看目标物的两点光线投入眼球的夹角。眼睛能分辨被看目标物最近两点光线投入眼球时的夹角，称为临界视角。设计中，视角是确定设计对象尺寸大小的依据。

（2）听觉机能

①人耳能觉察出的声音的临界值是5～10dB。这时可以听到声音，但分辨不出说的是什么。

②人耳能知觉的声音的临界值是13～18dB。这时可以分辨出某些词，但无法理解句子。

③人耳能理解的声音的临界值是17～21dB。这时可以理解由词组成的句子所表达的意思。

④人耳能理解的声音的最佳值是60～80dB。

⑤人耳能忍受的临界上限值是140dB。

（3）触觉机能

触觉是皮肤表面受到机械刺激而引起的感觉。可分为触压觉和触摸觉。在利用触觉来感知物体的形状和大小等特性时，主动触觉往往优于被动触觉。全身各部位的皮肤对触觉的敏感性差别很大，越是活动部位感受越强。

（4）人的触觉感觉阈限

人的各种感觉的绝对阈限都有一个范围，这对于保障人的安全和健康有重要作用。但不同的人的感受性有很大差异，并且能够通过训练而改变。

（5）色视野

视网膜上的区域不同，颜色感受性也就不同，中央区能分辨各种颜色，由中央向外围过渡，颜色分辨能力减弱，眼睛感觉到颜色的饱和度降低，直到色觉消失。不同的颜色对人眼的刺激不同，所以人眼的色觉视野也不同。正常亮度条件下对人眼的实验结果，白色的视野最大，黄、蓝、红、绿色的视野依次减小。

产品界面设计研究

——器具组 洗衣机操控面板

案例解析

目标产品标准数据查询与采集部分，主要针对洗衣机操控面板的尺度（面板长宽、面板离地高度、按键大小、旋钮直径和厚度、显示屏尺寸、显示字符大小）、色彩、界面标识（按键形状、图形符号、旋钮形状）、材质与表面肌理进行数据的查询与采集。

不足之处是尺度标注不规范，界面标识数据采集不全。

3. 目标产品标准数据查询与采集

（1）目标产品尺寸

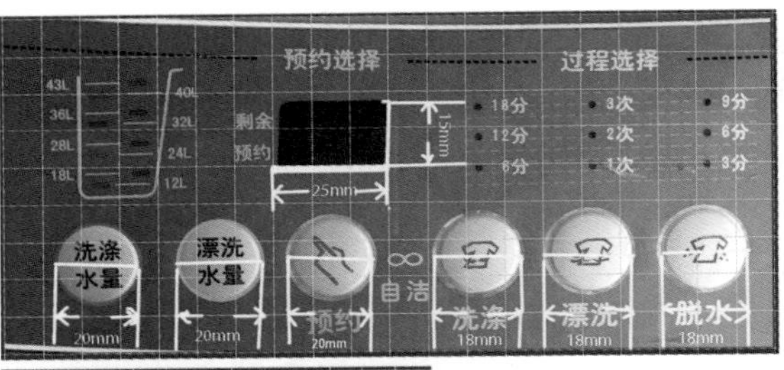

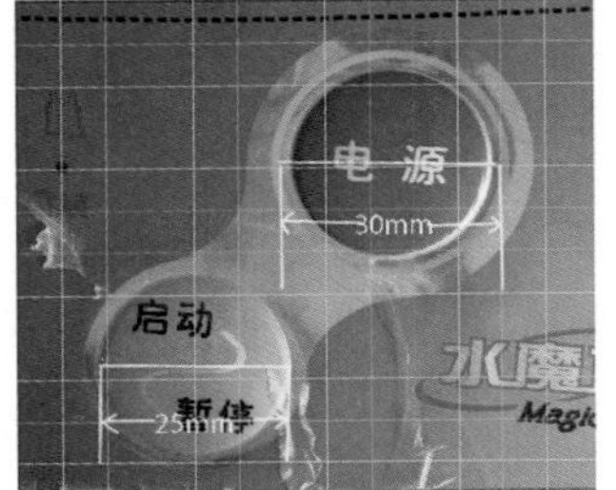

面板长：550mm
面板宽：75mm
电源直径：30mm
启动暂停：25mm
功能按钮：18mm
预约程序：20mm

（3）目标产品界面标识

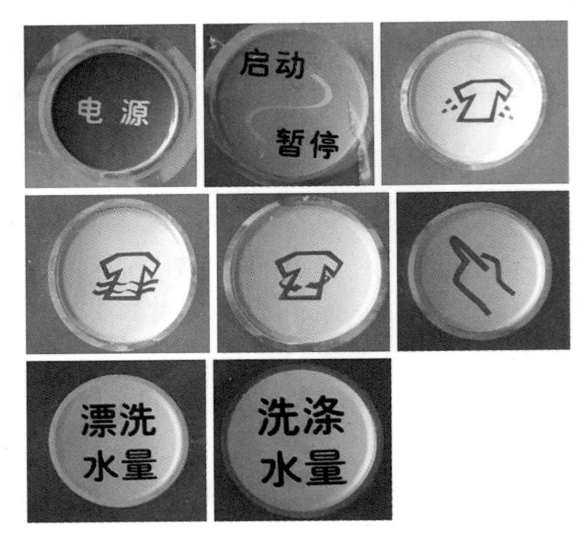

按键形状：圆形

（2）目标产品色彩

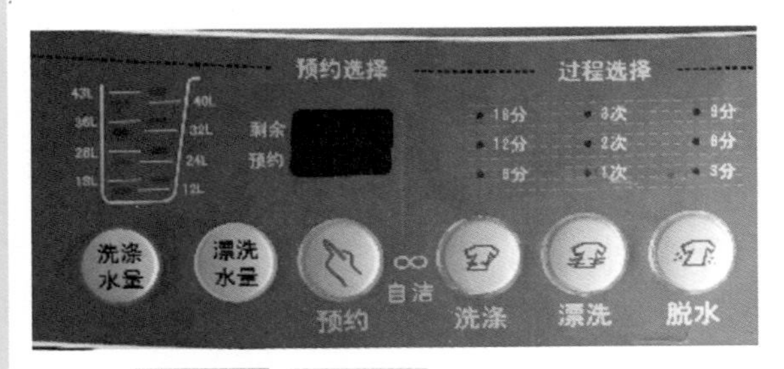

主配色

（4）目标产品材质与表面肌理

按钮材质：塑料
表面肌理：平滑

产品界面设计研究

——器具组　洗衣机操控面板

案例解析

数据分析与问题定位部分，主要是对采集与查询到的洗衣机操控面板数据进行人机工程学角度的分析。分析洗衣机面板动态使用范围，使用状态中的不舒适、不方便、不利于操作的情况，针对这些情况进行问题定位。选择要改良的问题，着重分析。

4. 数据分析与问题定位

（1）数据分析

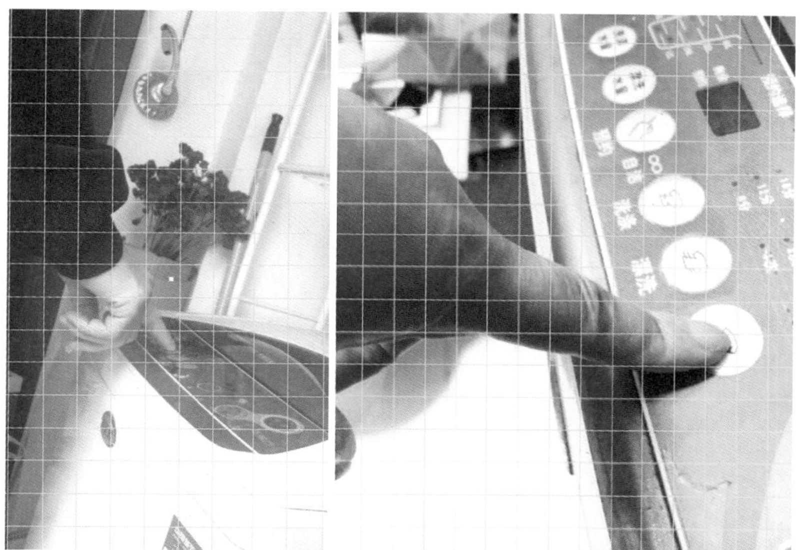

①站姿操作控制面板，姿势要求简单，根据第一页的数据，尺度合适。

②操作按钮操作起来比较费劲，舒适度较差。

③操作按钮并不能使人很好地感受到洗衣机是否响应，反馈较差。

④洗衣机操作界面上的光显示单一，容易造成误导。

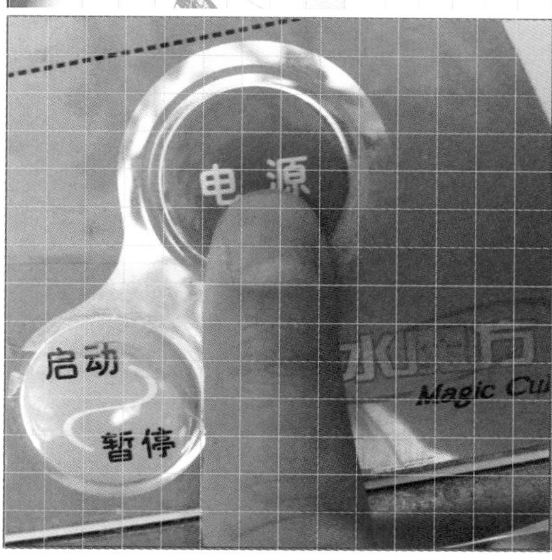

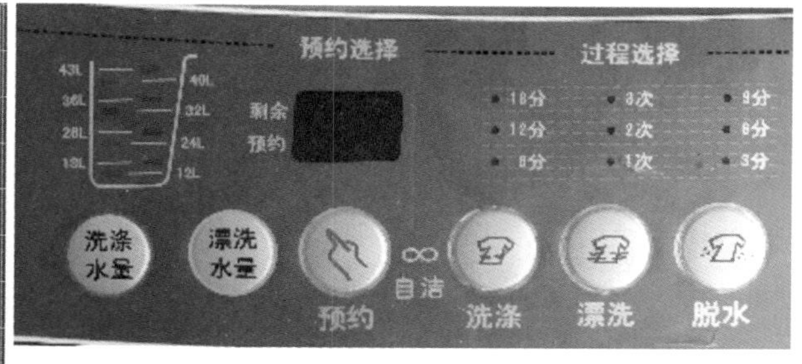

（2）问题定位

重新设计洗衣机的按钮，使得：

①操作更加符合人体的人机工程学尺度。

②按钮的设计增加明显的反馈。

产品界面设计研究

——器具组　洗衣机操控面板

案例解析

方案与草模展示部分，主要针对提出的问题定位进行设计，画出草图，根据草模制作草模，用于草模测试。草模可用性测试与数据修正部分，主要将制作的草模进行可用性测试，在测试过程中不断修正使用体验，从而对方案进行修改。

不足之处是没有详细记录可用性测试的过程与结果。

最终效果展示部分，主要是采用绘图、建模、实物等方式对最终效果进行展示。

5. 草图方案与草模展示

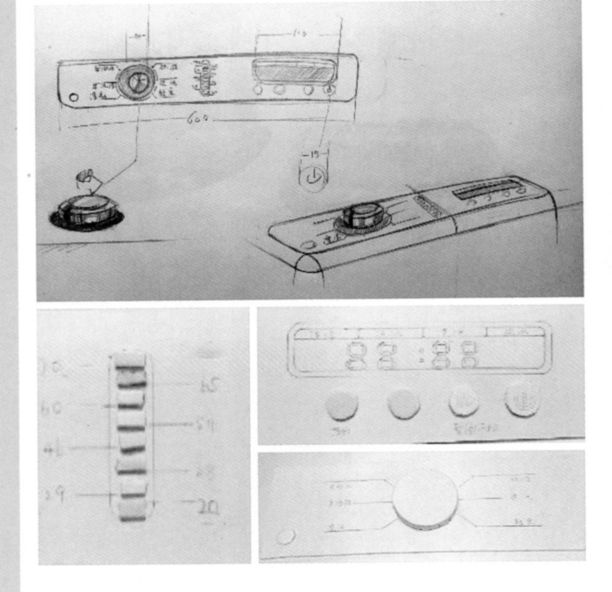

6. 草模可用性测试与数据修正

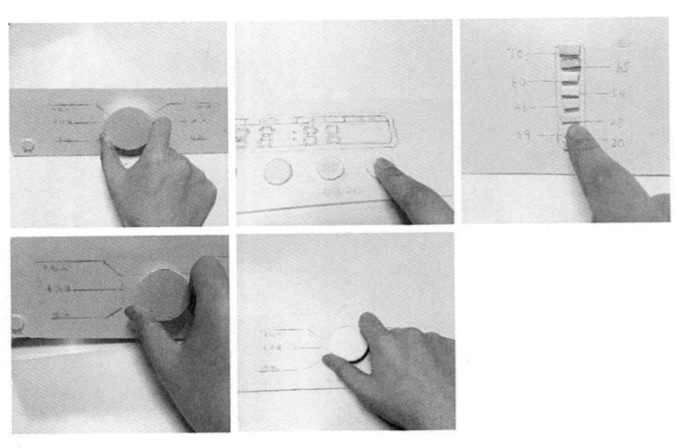

7. 最终效果展示

设计说明：

为解决产品操作界面可视化问题，增强反馈，以旋钮取代原先按键，旋钮每档均设卡槽，以视觉辅以触觉取代原先单一且可感知度较弱的触觉设计。开关部分仍使用按键，改为卡槽形，按下时有明显触觉反馈，辅以屏幕反馈信息。

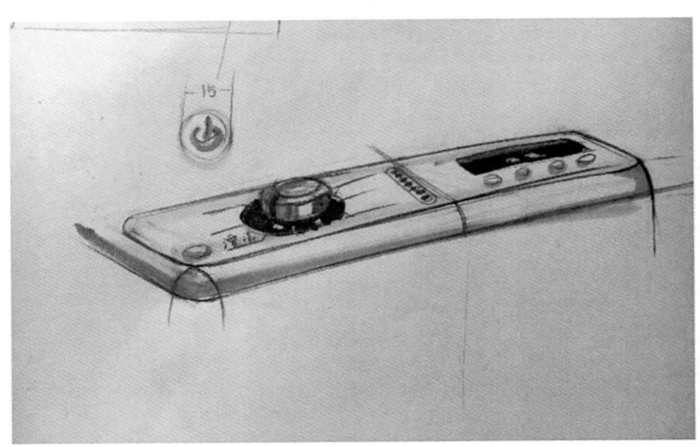

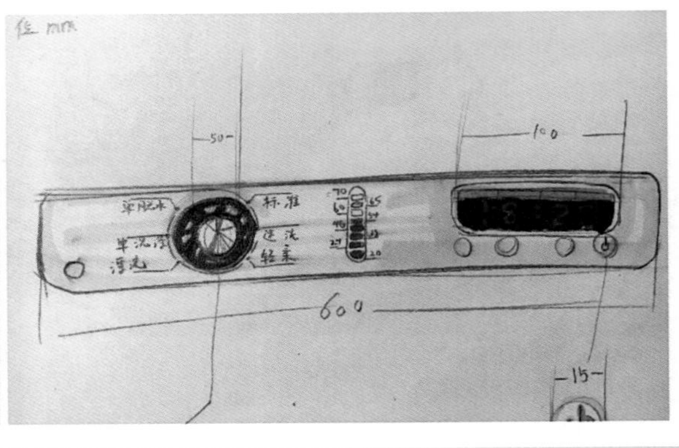

2.3.2 课题 2 仪器与设备

仪器与设备的界面与交互系统

仪器与设备相对于消费类产品而言是进行专业生产或研究的工具，例如各种精密仪器、不同型号的制造装备等。

一方面，仪器与设备具有明确、突出的专业目的和特性，并且要求操作稳定性好、精度高，但其操作方式、方法和流程往往具有非常规性，有些甚至不符合人的动作与认知习惯，人机交互界面相对复杂而且适宜度低，容易操作疲劳甚至造成伤害，产生相关的职业病症。因此，操作人员大多是经过操作培训、审查、测试，获得相关资格证照的专业人员。

另外一方面，仪器与设备因为目的不同，在工作原理、技术类型和水平上有很大的差异，也造成了其人机界面与交互系统有较大差异，但总体的发展趋势是手动的、机械化和半自动化的仪器设备越来越多地被全自动化和智能化的仪器设备所替代，人机交互界面从硬交互转向软交互，从及时性交互转向预设性交互。从人机工程学的角度看，全自动化和智能化的仪器设备最大的优势是安全性提高、最大限度地保护操作人员的身心健康、防止意外伤害和造成职业疾病。

常见的手动或电动机械仪器设备的人机界面与交互系统由工作环境、工位、工作台、操纵装置、显示装置等几大部分组成，其中最有特色的是操纵装置和显示装置。各种不同形态、结构和功能的把手、手柄、脚踏板和机械旋钮、按键等构成了操纵装置，用以进行主要的功能流程操控和信息输入，而各种仪表、信号灯等显示装置则进行信息输出，显示人机交互的状态和效果。这样的人机界面与交互系统，多关注操纵装置的形状、尺度以及运动流程、运动方向与方式是否符合人的尺度、动作特性与习惯，还有显示装置是否符合人的感官特性与认知习惯，其中最首要和最重要的是尽可能防止对人的意外伤害与职业疾病的产生，在这个前提下研究人机交互的功能目的与效率，寻求最短操作时间、最小操作用力、最高工作效率的方法（图 2-27）。

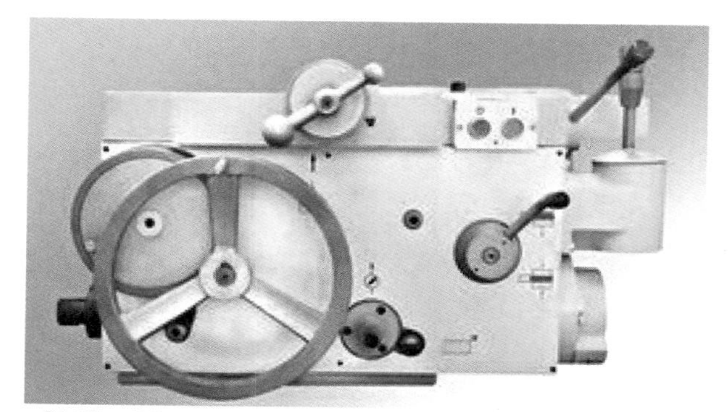

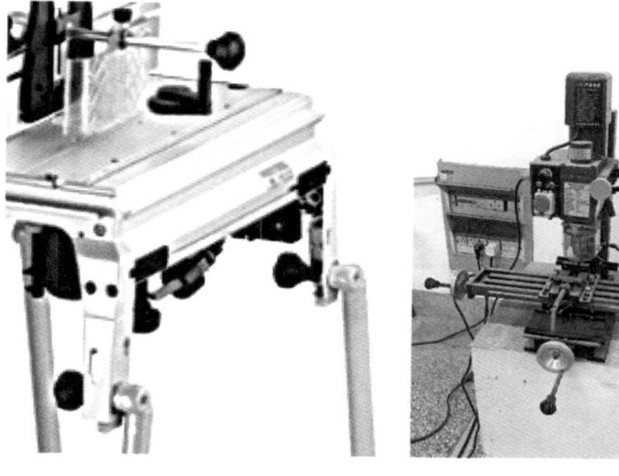

图 2-27 常见手动或电动机械仪器设备的人机交互界面

常见半自动、全自动智能化仪器设备的人机界面与交互系统以高度自动化、多功能的数控机床和加工中心为代表，其本身就是一个整合、集约化的工作环境，将环境照明、工位、工作台进行整体的设计，较好地降低了噪声、振动、电磁干扰、辐射、粉尘、有害气体的污染、高温、低温以及气压变化等对工作安全和效率的不利影响，更为重要的是其功能实现的高度自动化和智能化，彻底改变了人机交互的模式，从传统的及时性人工操作控制与调节转化成预设性、网络化自动操作控制与调节，人机界面从以操纵手柄、操纵杆、旋钮、按键为主的硬界面转化为以观察窗、显示屏、触摸按键为主的软界面。整个人机界面与交互系统的改变，不仅大大提高了工作效率、大幅度降低环境污染与伤害，更重要的是很好地避免了人身意外伤害和职业疾病，但同时操作与使用需要更长时间与更高要求的职业培训与考核（图2-28）。

图 2-28　常见半自动、全自动智能化仪器设备的人机交互界面

仪器与设备的界面与交互系统设计

1. 课题名称

仪器与设备的改良设计

2. 课题项目

老年人色彩分辨测试仪的改良设计

工业打复印一体机操作面板的改良设计

3. 课题要求

（1）研究目的

（2）目标人群人体标准数据查询与采集

（3）目标产品标准数据查询与采集（尺度、色彩、界面标识、表面肌理）

（4）数据分析与问题定位

（5）草图方案（手绘）与草模展示（照片）

（6）草模可用性测试与数据修正（过程照片）

（7）最终效果展示（渲染效果图或实物样品照片）

4. 课题作业展示与评析

（1）仪器组：老年人色彩分辨测试仪的改良设计（图片为学生作业，设计者：黄家玫/指导：于帆）

（2）设备组：工业打复印一体机操作面板的改良设计（图片为学生作业，设计者：龚智伟、曲泽林 / 指导：于帆）

产品界面设计研究

——老年人色彩分辨测试仪改良设计

案例解析

该案例主要是通过对老年人色彩视野分辨测试实验仪器的改良，来探讨老年人使用特性与产品人机界面信息传达与表现的关系。本节内容主要是针对老年人人体标准数据进行查询和采集，该案例在这方面调研内容较为完整，能够将老年人视野范围与青年视野范围数据进行比较，发现老年人的生理特征与使用特性，能够挖掘老年人的潜在需求。

1. 研究目的

（1）探讨老年人色彩视野分辨测试实验的仪器改良设计。

（2）探讨老年人使用特性与产品人机界面信息传达与表现的关系。

2. 目标人群人体标准数据查询与采集

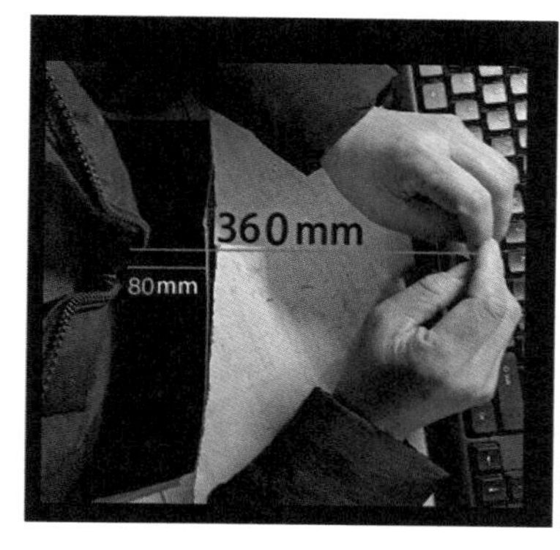

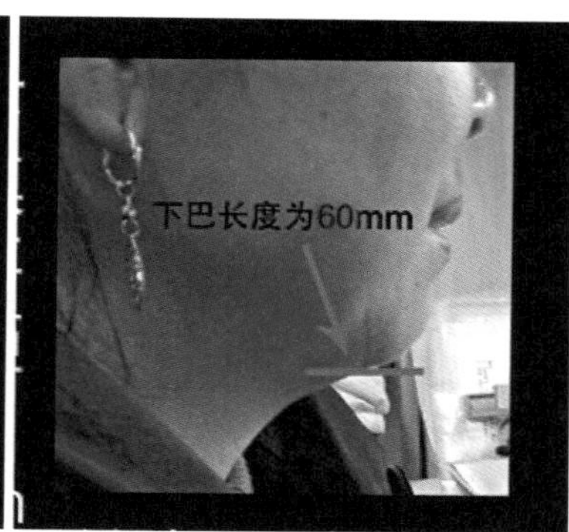

数据采集情况：

（1）被试者基本信息：性别（女）、年龄（56岁）、身体状况（良好、行走自如）。

（2）左图显示，被试者自然平坐，胸腔到桌面边缘的距离为80mm，手自然舒适地撑托，距离胸腔为360mm。

中图显示，被试者下巴至桌子水平面的距离为300mm。

右图显示，被试者下巴向外延伸长度为60mm。

产品界面设计研究
——老年人色彩分辨测试仪改良设计

案例解析

本节内容主要是针对实验室使用的色彩分辨视野计标准数据进行查询和采集，该案例在这方面调研内容（包括界面尺度、标识、材质、色彩）完整，能够从产品易用性、设计合理性、功能性、舒适性、美观性、清洁度等方面发现原产品存在的问题，归纳总结比较到位。不足之处在于在对产品界面色彩方面的内容采集时，没有将产品界面主色与辅色清楚列出，对于这方面内容不应直接用文字表达，缺少色块展示。

3. 目标产品标准数据查询与采集

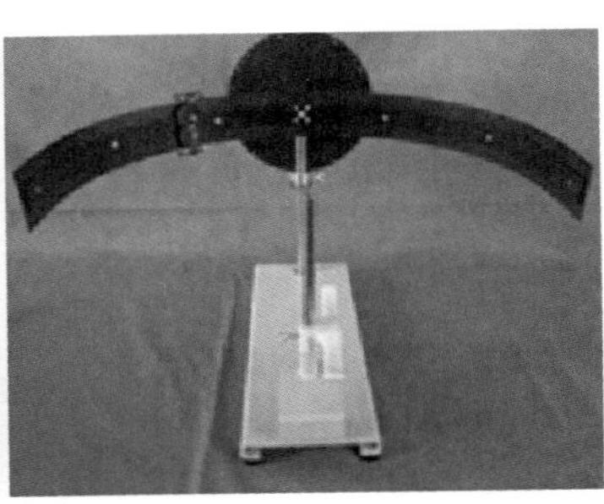

产品名称：色彩视野分辨计

目标人群：无特殊受众限制

产品定位：测量仪器

主要功能：测量出人眼对色彩的可见范围

界面标识：视野表——带有角度、形似“雷达”图纸；视野半圆弧环

色彩：颜色与白色水泥相似

材质：为冰冷铁制品

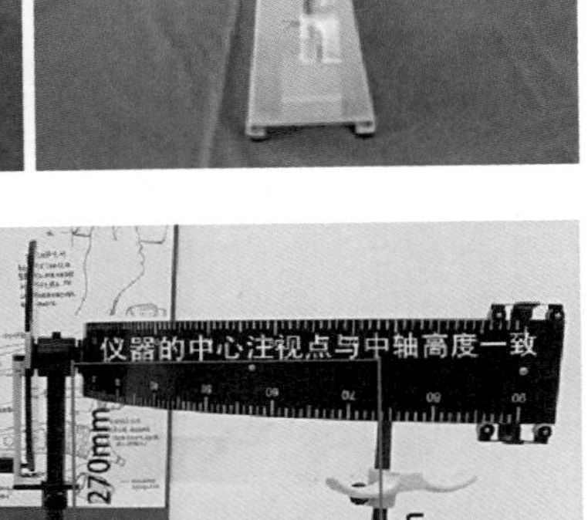

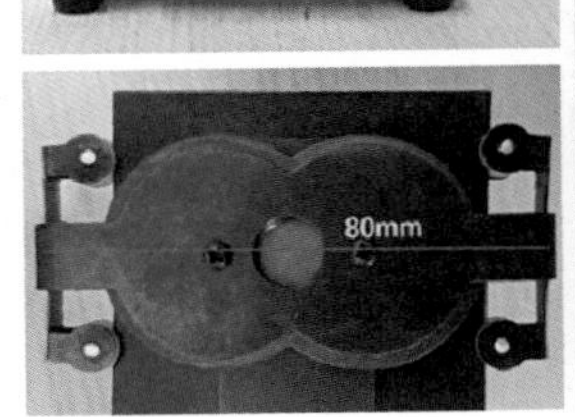

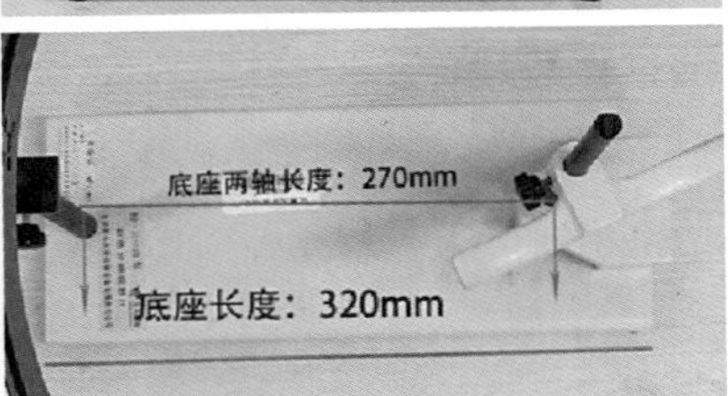

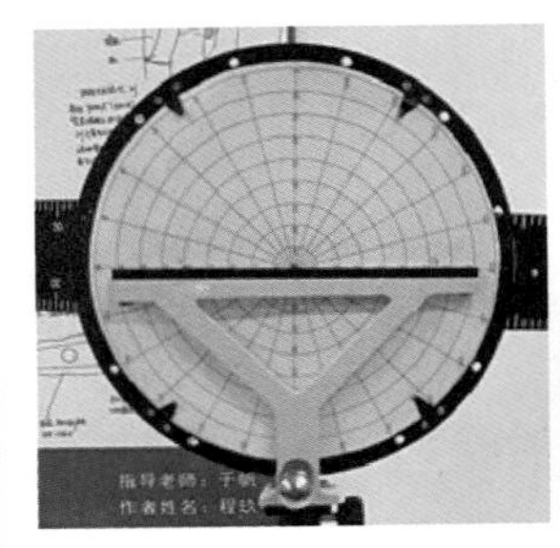

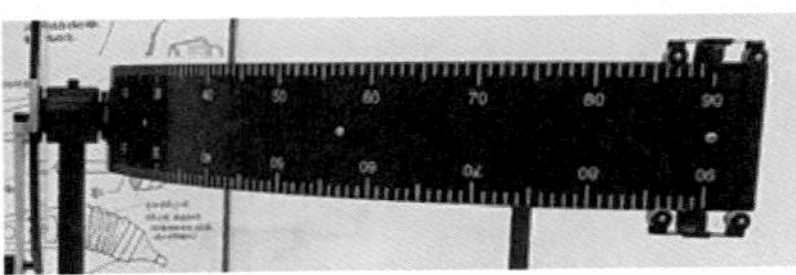

原产品存在的问题：

（1）体形较大，占地广，零件较为复杂，操作不灵活；

（2）整体质量较重，不易移动；

（3）部分零部件设计不合理，造成松动错位等现象；

（4）仪器的材质偏硬，且边缘尖锐，易使被试者受伤；

（5）整体造型不够美观，缺乏人情味；

（6）精细部件暴露在外，不易清洁等。

产品界面设计研究

——老年人色彩分辨测试仪改良设计

案例解析

本节内容主要是针对目标人群在实际使用原产品时所涉及的操作尺度数据分析与问题定位，以及草图方案设计。该案例在这方面调研内容比较完整，从目标人群舒适尺度这一角度出发，分析老年人在实际使用过程中的操作尺度与原产品尺度的矛盾点，问题定位较为合理。草图方案设计方面，能够围绕问题定位针对性地提出改进方案。不足之处在于缺少了对问题五的改进方案。

4. 数据分析与问题定位

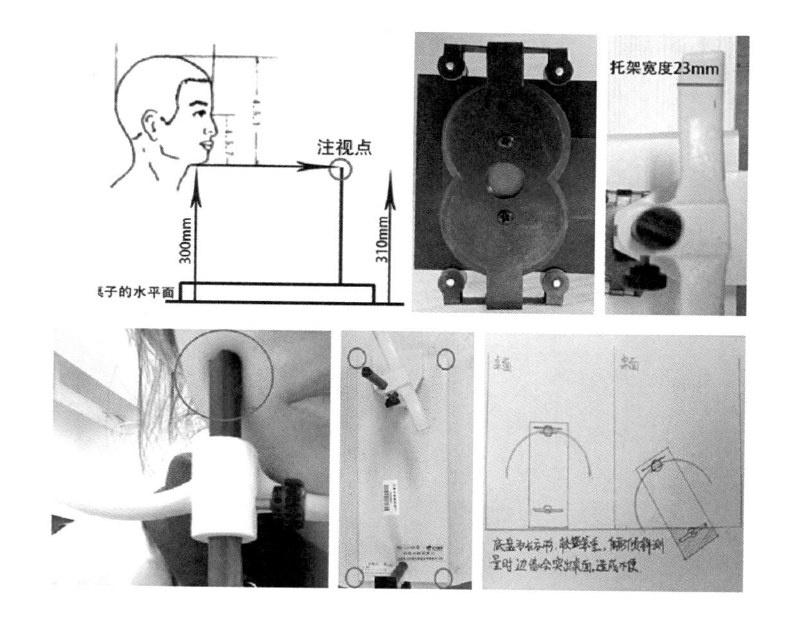

分析问题：

（1）问题一，根据被试者在自然的坐姿下的测量，下巴距离实验台水平面为300mm左右，而位于视野表一侧的注视点距水平面310mm左右，与下巴的高度基本一致，这使得被试者需弯曲背部才能让眼睛直视注视点，长时间的测试易使老人疲惫、不适；

（2）问题二，实验中发现，在滑动滑板芯柱时，中间的测试颜色会由于震动等影响，出现错位等现象，使得对被试者的测试结果产生一定变化，同时老人眼花，在选择颜色上难度较大；

（3）问题三，托架的宽度为23mm，被试者下巴长60mm，大于托架宽度，老人在使用原产品的托架时会觉得支撑部位压强较大，同时材质较硬，不舒适，头部重量使得疼痛感产生；

（4）问题四，通过课堂实验发现，在调整托架后，由于中轴无法伸缩，易与脸进行触碰，老人的皮肤比较脆弱，易造成不适或受伤的情况；

（5）问题五，仪器的底盘为正方形金属，不能变形，且重量较重，同时四边都为锋利直角易磕碰老人；而且根据人坐姿的普遍习惯，人的手一般会放置于身体前端，底座的存在使得手不易舒适地摆放。

产品界面设计研究

——老年人色彩分辨测试仪改良设计

案例解析

本节内容主要是针对目标人群在实际使用原产品时所涉及的操作尺度数据分析与问题定位，以及草图方案设计。该案例在这方面调研内容比较完整，从目标人群舒适尺度这一角度出发，分析老年人在实际使用过程中的操作尺度与原产品尺度的矛盾点，问题定位较为合理。草图方案设计方面，能够围绕问题定位针对性地提出改进方案。不足之处在于缺少了对问题五的改进方案。

5. 草图方案

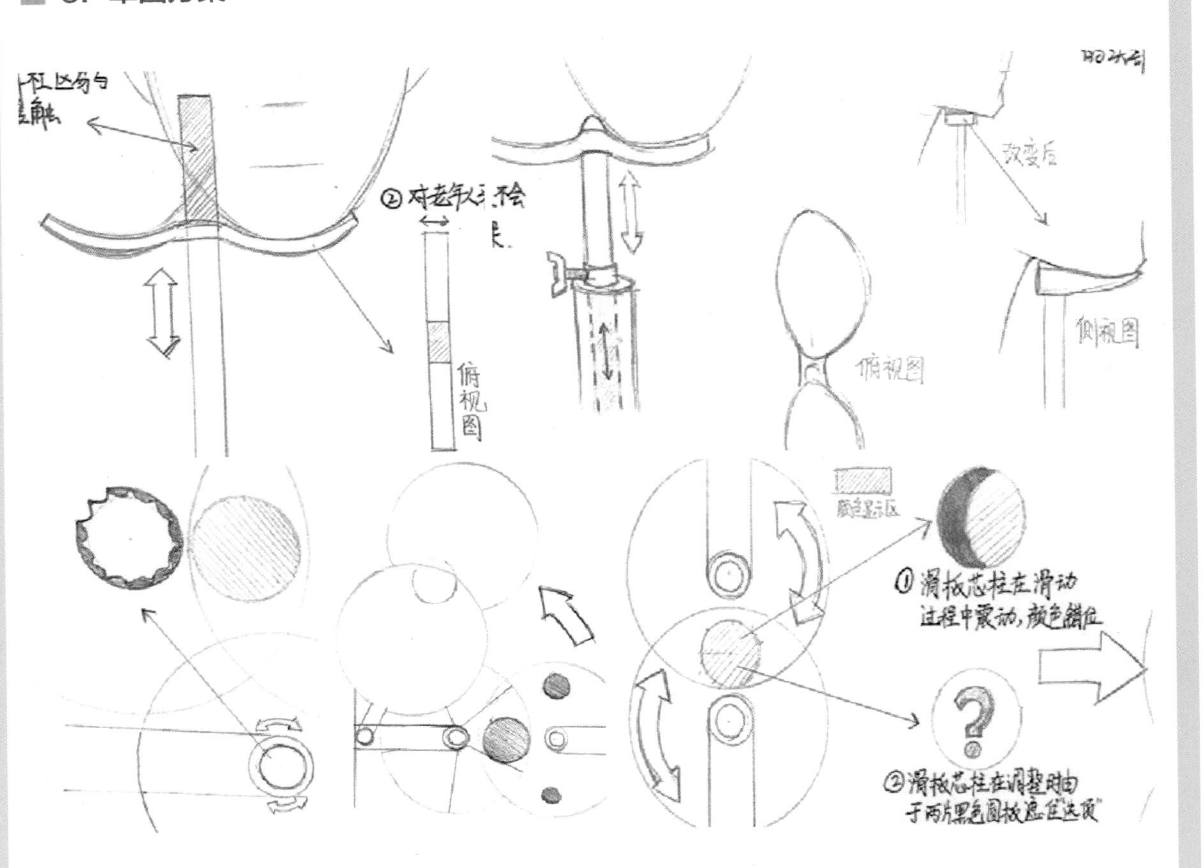

方案说明：

（1）针对问题一、三、四，首先托架高度最高处设为 166mm；其次托架的升降采用了打气筒的原理，使得柱子不会突出托架而与被试者脸碰撞；托架变宽，边缘变得圆滑且呈饼状，更好地支撑老人头部，且材质为硅胶，更富弹性，具有缓冲作用，长时间的支撑，被试者不会太过不适。

（2）针对问题二，发现滑板芯中心轴为滑圆形，摩擦力小，易滑动，故改造为锯齿状，增加摩擦；而顶部遮板可以旋转打开，便于看清内部颜色和选择颜色显示的范围。

产品界面设计研究

——老年人色彩分辨测试仪改良设计

案例解析

本节内容主要是草模可用性测试和对目标人群在实际使用过程中出现的数据偏差进行修正。该案例在这方面内容比较完整，对草模尺度、材质等方面数据的调整以及调整的原因能够清楚展示出来。不足之处在于没有表明修正数据的参考来源。

6. 草模可用性测试与数据修正

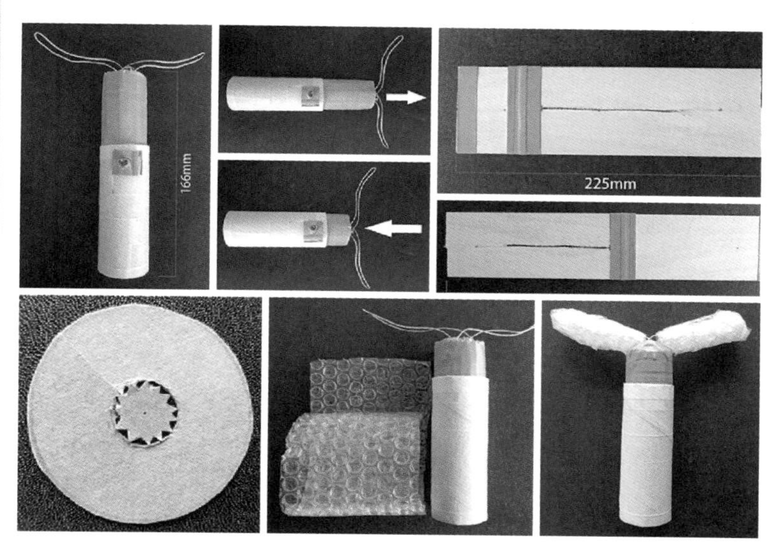

各零部件功能说明：

（1）托架：根据数据测试环节，得出托架高度为166mm即可，同时托架变为活塞式，可向上向下伸缩；

（2）底座：可进行伸缩，从320mm变化到225mm，方便携带和放置；

（3）滑板芯柱：滑板芯柱上方的黑色遮板可向上旋转使老年人更易调节；

（4）托盘：采用柔软气泡纸。

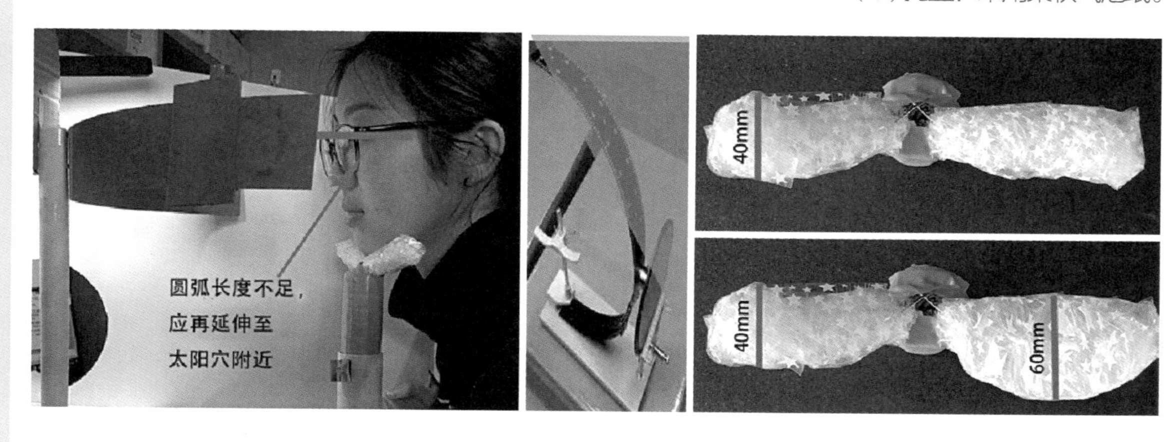

实际使用情况：

（1）视野圆弧的长度测量过短，导致无法测试到太阳穴附近的视野；

（2）托盘的宽度调整为40mm，实际使用时仍觉得会给使用者带来不适，最终调整为60mm。

产品界面设计研究

——老年人色彩分辨测试仪改良设计

案例解析

本节内容主要是针对产品最终效果的展示。该案例在这方面内容比较完整，能够很好地对整个设计过程进行总结和反思，设计总结与反思比较深刻，不足之处在于产品的三视图没有准确呈现出来。

7. 最终效果展示

正视图

侧视图

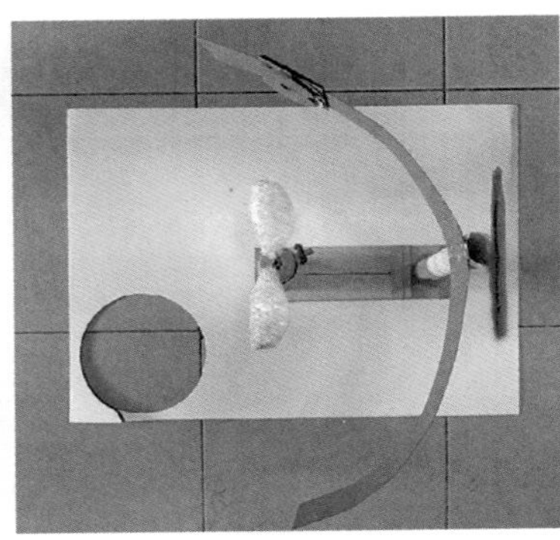

透视图

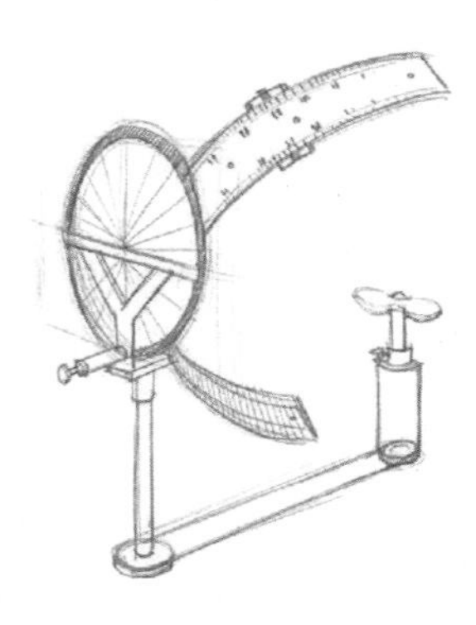

设计总结

（1）通过对色彩视野分辨计的探究、改良设计后，我们对于这个仪器的认识又深入了一层，同时也进一步实践了一个产品诞生前所要做的工作，不论是调研，还是落实于设计，都比之前更加熟练了一些。

（2）在整理思路时，每一个步骤都争取做到有理有据，同时也认识到前期调研的重要性，在本次调研中，我们首先从老年人特性入手，然后推出设计要素，这样做会更加全面周到地考虑问题，也更容易贴近目标群体的需求。

设计反思

（1）在对目标群体进行探究时，对老年人的数据搜索也遇到了问题，很难搜索到自己想要的数据，说明渠道了解的还是太少，需多跟老师请教。

（2）最后的设计中，由于前期对分辨仪的了解还不够透彻，一些科学原理没有明细，故不敢做太大的改动。我们认为测试仪最首要的功能还是用于测量，故选择在一些零部件和关节点上进行改良，而不破坏其主要的测试方式。

产品界面设计研究
——设备组 工业打复印一体机操控面板

案例解析

该案例主要是通过对工业打复印一体机操控面板的改良，来探讨工业打复印一体机人机界面信息传达与表现的关系以及感知与显示的最优适配与平衡的关系。本节内容主要是针对目标人群人体标准数据进行查询和采集，该案例在这方面的调研内容较为完整。不足之处在于没有明确定位目标人群，对测试人群数据的采集也只是有特定高度的男性青年，没有对女性青年实际使用涉及的人体尺度进行采集。

1. 研究目的

（1）了解从人机工程学角度对产品进行设计的流程与方法。

（2）了解工业打复印一体机的产品数据与人体数据之间的对应关系。

（3）探讨工业打复印一体机人机界面中视知觉的信息传达与表现的关系。

2. 目标人群人体标准数据查询与采集

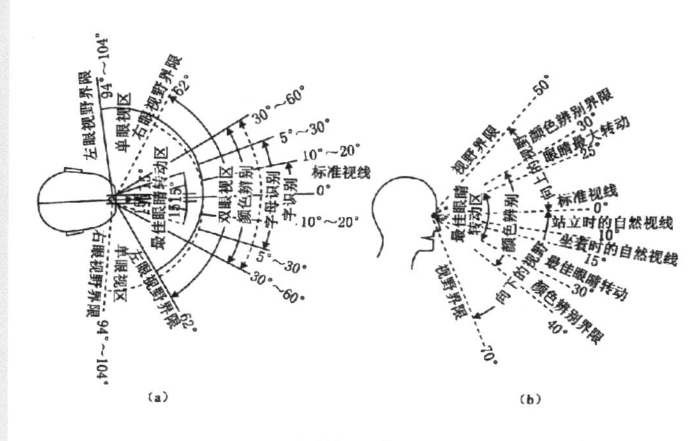

人的视野范围

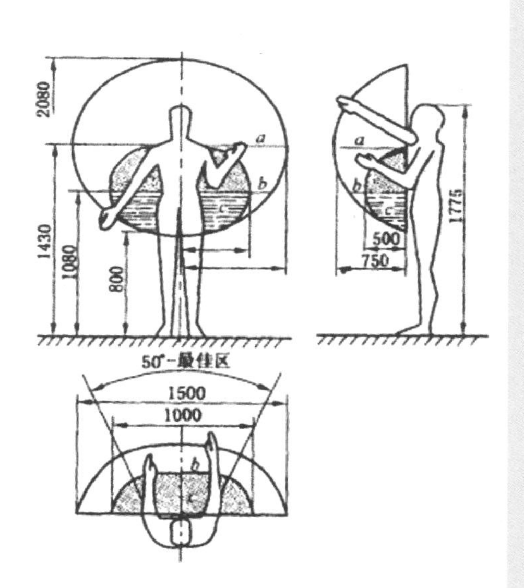

人的立姿操作范围

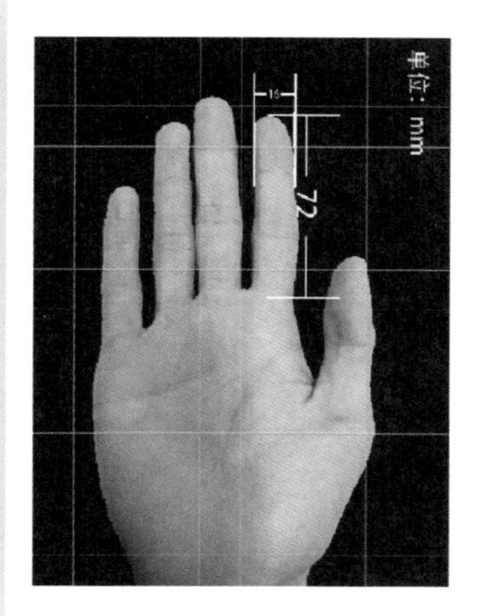

人的手掌尺寸

人眼与操作面板的距离

产品界面设计研究——设备组 工业打复印一体机操控面板

案例解析

本节内容主要是针对工业打复印一体机标准数据进行查询和采集，该案例在这方面调研内容完整。不足之处在于该部分内容只是简单列出操控面板尺度、标识、材质、色彩，没有从产品易用性、设计合理性、功能性、舒适性、美观性等方面分析。

3. 目标产品标准数据查询与采集

（1）目标产品尺寸

操作面板长：370mm

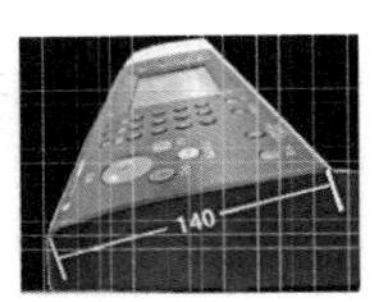

操作面板宽：140mm

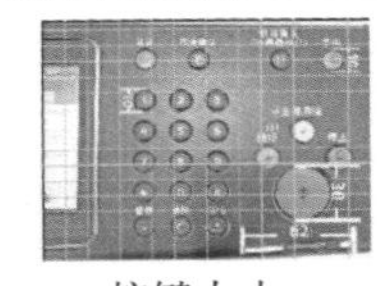

按键大小：10×10mm/30×30mm

面板离地高度：960mm

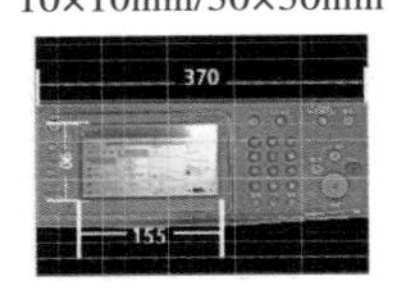

显示屏尺寸：155 ×90mm

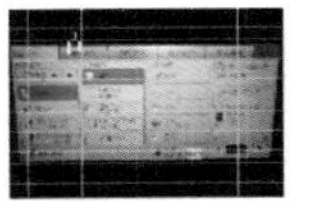

显示字符大小：5×5mm/3×3mm

（2）目标产品色彩

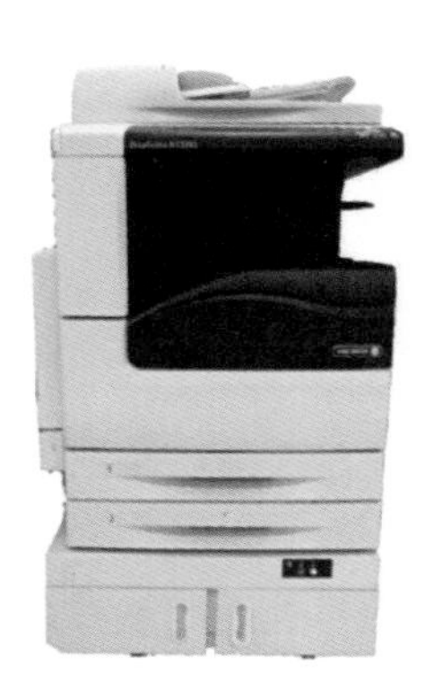

主体颜色

辅助颜色

灯光信号颜色

（3）目标产品界面标识

按键形状：以圆形为主，中心部位呈凹凸状。半径为3mm的小圆为凸状，半径为5mm的大圆为凹状。

图形符号：操作界面的符号语言包含汉字、阿拉伯数字，图形则包含几何图形组合、箭头、设计图标。

（4）目标产品材质与表面肌理

产品材质：聚苯乙烯、液晶、聚碳酸酯。

表面肌理：塑胶磨砂、透明晶体。

产品界面设计研究
——设备组 工业打复印一体机操控面板

案例解析

本节内容主要是针对目标人群在实际使用原产品时所涉及的操作尺度进行数据分析与问题定位。该案例在这方面数据分析内容比较丰富。不足之处在于操控面板每一模块的数据分析没有很详细地展示。

4. 数据分析与问题定位

（1）数据分析

工业打复印一体机体积庞大，按键和操作界面却设计得十分小巧，体积近 0.3m^3 的大器物，只需一个 37cm × 14cm 的小面板就能控制，完美诠释了现代主义中“形式服从功能”的设计理念。使用者净身高 175cm，产品的操作面板刚好到其小腹处，使用者在双臂自然下垂状态下，抬手不超过 60° 的情况下即可正常使用产品，数字按键直径为 0.5cm，刚好满足食指按下去又不会误按其他数字键的范围，启动键为绿色，中部呈凹陷状，直径为 3cm 的大圆，醒目简单。第一次使用时，在操作面板实体按键和显示屏中的虚拟按键之间互相切换会导致使用者的眼部不适，熟悉操作后，对使用者的影响便不为明显。实体按键无声音提示，虚拟按键会伴随提示音，声音范围只有使用者周身的 10~20cm 之内才会明显，并不会影响到他人学习。显示屏是液晶的长方形，光亮程度白天较为好，晚上有些刺眼。面板无棱角，以工业倒角为边，有意识地防止意外伤害，按键全部呈圆形，以灰色为主，个别主要按键为绿、红、黄等颜色。按键表面是塑胶质感，防滑、受力均匀；操控面板表面以硬度较大的塑料以及液晶显示屏为主，工业形态明显，触感一般。

液晶显示屏偶尔操作不灵，虚拟键盘有些功能是不及实体按键的，比如在增强用户的实用体验感受方面以及遇突发的意外状况时。

面板的离地高度只是取了一个大数据下的人体身高中间值，并没有解决特殊情况发生时的问题，完全可以设计一个升降设施。

工业打复印一体机是一个集复印、打印、扫描于一体的多功能机器，却只有一个操作面板，不可满足多人同时段同时使用的需要，只是对功能整合方面加以提升，而效率还是跟以往一样。

液晶显示屏和实体操作面板之间的表现形式所形成的反差有些不合理，从而导致晚上使用时眼睛的不适。

（2）问题定位

（1）设计工业打复印一体机操作面板中液晶显示器与实体面板的信息传输对视知觉造成的不适的解决方案；

（2）设计工业打复印一体机人机界面对不同人群提供良好的用户体验的解决方案。

产品界面设计研究

——设备组 工业打复印一体机操控面板

案例解析

本节内容主要是草模方案与草模展示，以及草模可用性测试和对目标人群在实际使用过程中出现的数据偏差进行修正。该案例在这方面内容比较完整，能够将草模制作过程详细表现，能够对前期的问题定位提出针对性的解决方案。不足之处在于对草模尺度等方面数据的调整以及调整的原因没有能够清楚展示出来，也没有表明清楚修正数据的参考来源。

5. 草图方案与草模展示

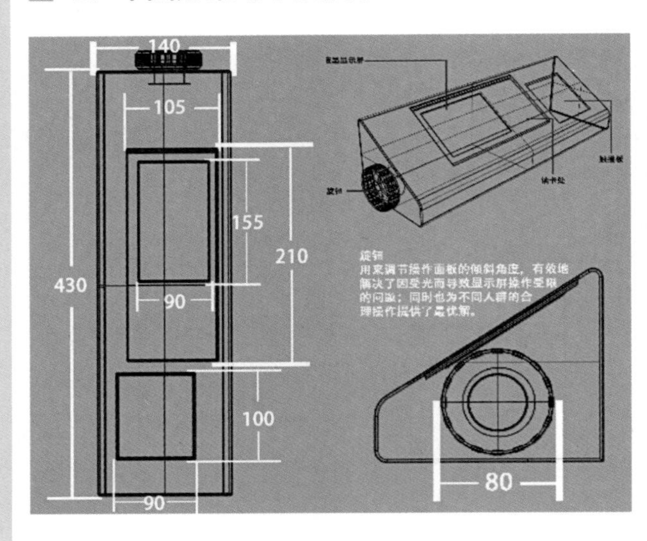

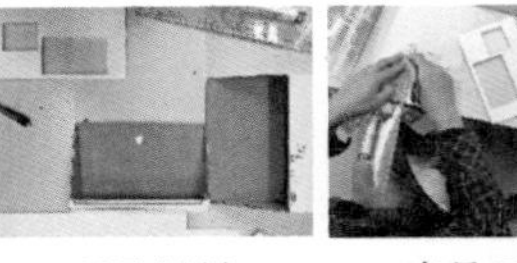

1-所需材料

2-度量尺寸

3-裁切

4-组装拼贴

5-固定细节

6-出模成型

草图方案（单位：mm）：

（1）通过虚拟整合按键来解决人机界面中信息传递对视知觉的不适影响；

（2）通过增加旋钮装置来解决操作面板在受光情况下的操作受阻现象。

6. 草模可用性测试与数据修正

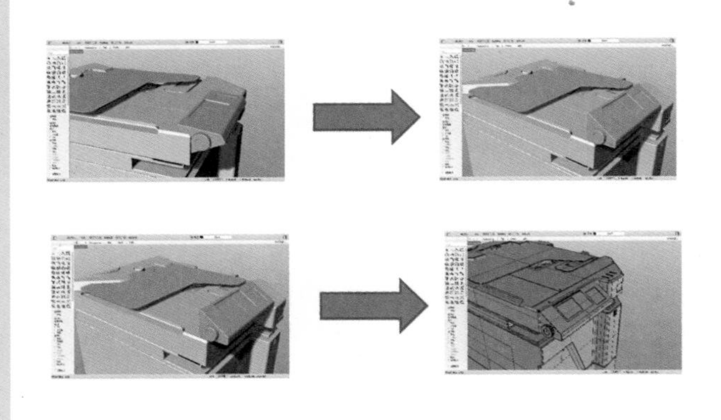

（1）通过虚拟整合按键，统一软界面，摒弃传统的硬界面，有效提高了人机界面的统一性；

（2）操作界面分为四个页面：模式选择、详情设定、数据调整、执行操作；

（3）为了避免屏幕的灵敏度受限，采取触控板来操作界面，有效提高了工作效率；

（4）通过增加旋钮装置来使操作面板实现可调节化，让操作面板的倾斜角度可以随使用者的具体情况来调整，以避免出现因受光而使视线受阻，或用户的眼高过低或过高而使操作受阻等情况的出现；

（5）通过增加升降装置来使操作面板达到与使用者相符的操作高度，以便于工业打复印一体机适用于所有使用者。

产品界面设计研究

——设备组　工业打复印一体机操控面板

案例解析

本节内容主要是针对产品最终效果的展示。该案例在这方面内容比较完整，能够将整个建模渲染过程完整表现出来，设计说明也能清楚完整地阐述整个设计过程与设计特点。不足之处在于缺少对整个设计过程的反思与总结。

7. 最终效果展示

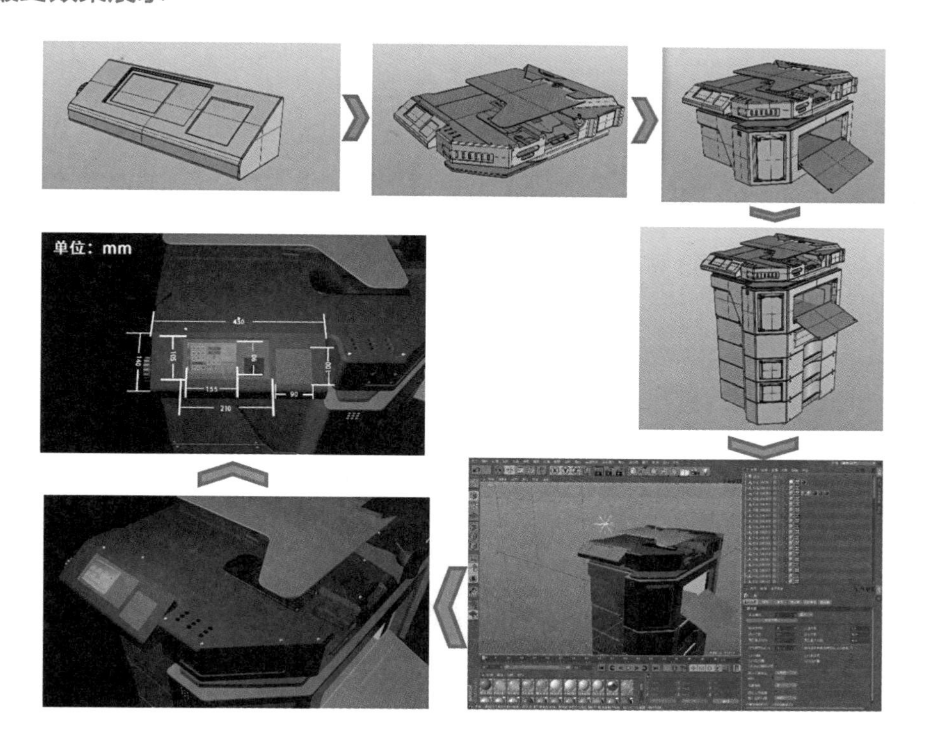

设计说明：

这款工业打复印一体机的人机界面主要解决了两个问题。

（1）摒弃传统的实体按键，统一将人机界面智能化，实现全版面虚拟键盘。在大数据背景下，机器犯错误的几率比大部分人要少得多，实体键盘中不变的排列格局、统一间距下的标准化按键，并不能实现社会中所有人群对打复印一体机的使用，而智能键盘则可以根据每个使用者具体指标的不同来进行比如按键大小、用力程度的调整，从而来适应于所有人的使用。统一的液晶显示屏可以通过调节亮度和字体大小来尽快让使用者排除不适感，从而给使用者带来良好的用户体验。

（2）可升降的操作平台和可调倾斜角度的操作面板，使工业打复印一体机的使用更具个性化，针对不同的人群都有属于他自己的最舒适角度。比如，脊椎不好的中老年使用者，不易直背，那么就可以通过调节人机界面的高度来方便操作。再比如说，忙碌状态下的工作者不必起身就可以通过调节倾斜角度来提高自己的工作效率等。

2.3.3 课题 3 公共设施

公共设施的界面与交互系统

公共设施根据功能可以分为交通设施、商业设施、信息设施、休闲娱乐设施、其他服务设施等。不同类型的设施，其构成要素不同，人机交互界面也不同。总体来看，公共设施的界面与交互系统包括功能系统和空间环境系统两个方面。空间环境系统又包括自然环境和人工环境，不同的环境特性中的功能系统组成与结构形式、人机交互界面都会有差异。但无论哪一类环境、哪一种功能的公共设施，其界面与交互系统都以人的行为与动作、感官与认知特性为基础，人体的静态与动态尺度、信息的传输与感知、操作使用的安全与舒适都是其中的主要内容。与其他产品的界面与交互系统不同的是，公共设施由于所处的空间环境更加复杂多样，多种功能系统不仅相互匹配，也相互影响，尤其是户外公共设施必须考虑全天候状态下的操作与使用，考虑时间、方位等变化所带来的影响，因此对其界面与交互系统具有更高的要求（图 2-29）。

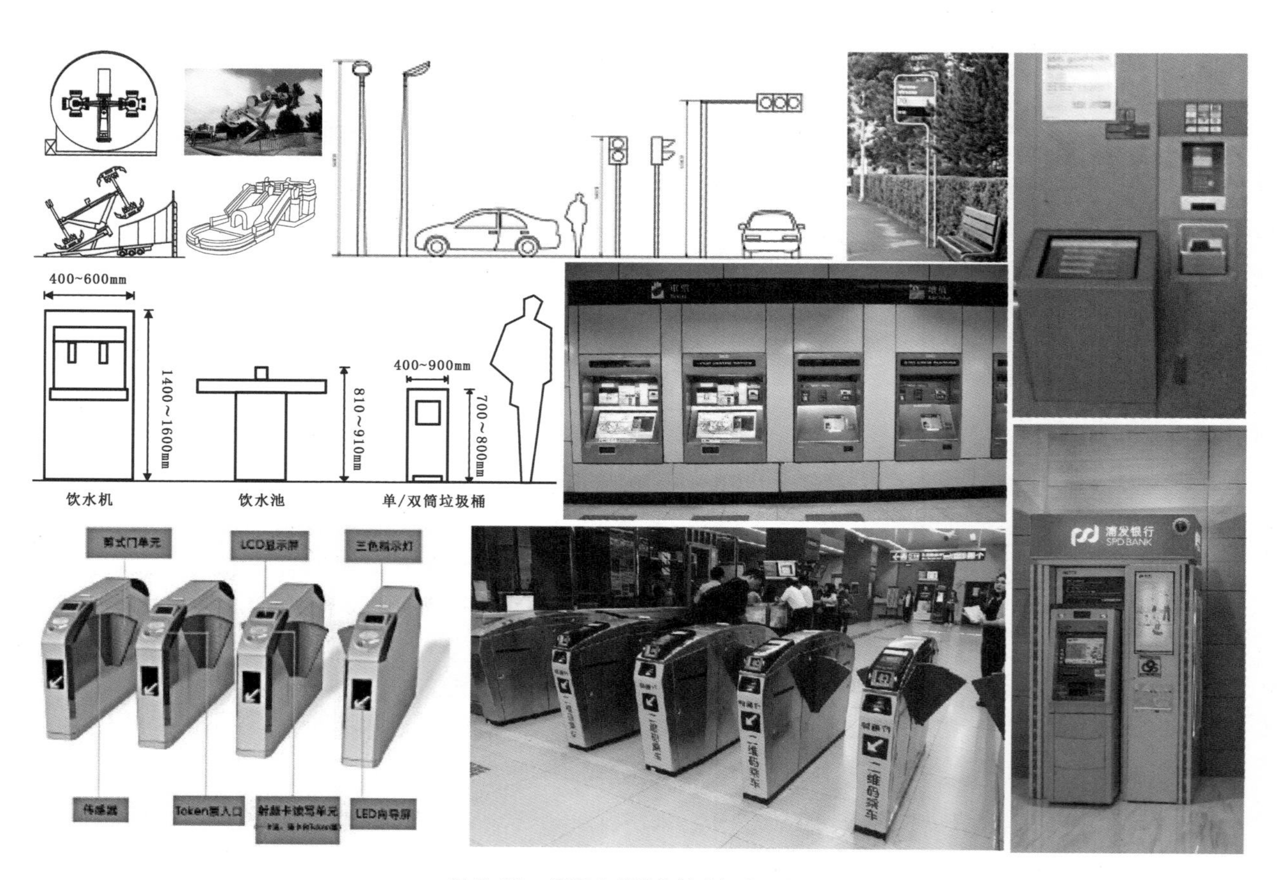

图 2-29 常见公共设施的人机交互界面

公共设施中的人机界面与交互系统是典型的由人－物－环境三个方面构成的复杂系统。从其中的尺度关系来看，就同时受人的尺度、功能物体的尺度和空间尺度的共同制约，例如公共交通设施的尺度，信号灯及公共交通标志涉及马路环境中人在驾驶汽车、步行的视线范围，行人和驾驶员的视线范围决定信号灯及交通标志的高度和大小尺寸，候车亭的敞篷高度应以行人的尺度为基础，还要考虑防止过高敞篷无法避雨、过低影响行人通行，一般候车亭高度在 250cm 左右；自动检票机的尺度应考虑人一般站立时手插入车票的最佳高度和通过闸道时行人的一般宽度；自行车停靠架的设计应考虑人在停靠、提走自行车整个行为过程中的活动尺度范围，甚至包括骑车人停车休息的静态活动尺度范围；公共信息查询设施、金融服务设施等人机界面中的显示屏在半户外的环境中，显示屏应该具有较高的发光亮度，保证在非阳光直射的户外使用者能够看得清楚。户外的显示屏必须考虑天气因素造成的能见度降低的情况，如大雨、大雾天气等，还要考虑夜晚造成的强对比度下的视觉适应。

大多数公共设施必须考虑兼顾多人使用状态、熟悉的人或陌生人的使用状态，老人、孩子及身体机能存在障碍的特殊人群的使用状态，不同状态下的尺度关系与感知特性会有较大差异，这也是其人机界面与交互系统复杂程度高的原因。

公共设施的界面与交互系统设计

1. 课题名称

公共设施的改良设计

2. 课题项目

电梯操控面板的改良设计

自动售货机操控面板的改良设计

3. 课题要求

（1）研究目的

（2）目标人群人体标准数据查询与采集

（3）目标产品标准数据查询与采集（尺度、色彩、界面标识、表面肌理）

（4）数据分析与问题定位

（5）草图方案（手绘）与草模展示（照片）

（6）草模可用性测试与数据修正（过程照片）

（7）最终效果展示（渲染效果图或实物样品照片）

4. 课题作业展示与评析

自动贩卖机操控面板的改良设计（图片为学生作业，设计者：林浩、缪馨颖 / 指导：于帆）

产品界面设计研究

——公共设施组　自动贩卖机操控面板

案例解析

该案例主要是通过对自动贩卖机操控面板的改良，来探讨自动贩卖机人机界面中商品选购时信息传达与表现的关系等。本节内容主要是针对目标人群人体标准数据进行查询和采集，该案例在这方面调研内容比较完整，不足之处在于没有明确目标人群以及对特定的目标人群的人体标准尺度进行采集。

1. 研究目的

（1）了解从人机工程学角度对产品进行设计的流程与方法。

（2）了解自动贩卖机操控面板的产品数据与人体数据之间的对应关系。

（3）探讨自动贩卖机人机界面中选购时信息传达与表现关系。

2. 目标人群人体标准数据查询与采集

立姿手臂操作范围

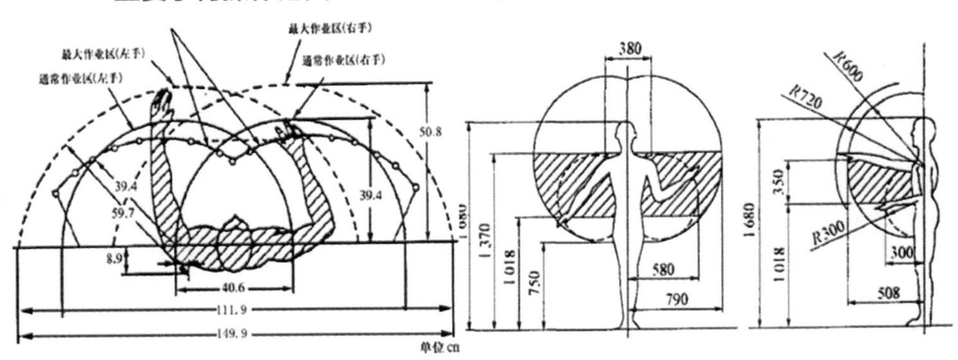

人眼视觉范围

视野舒适度范围

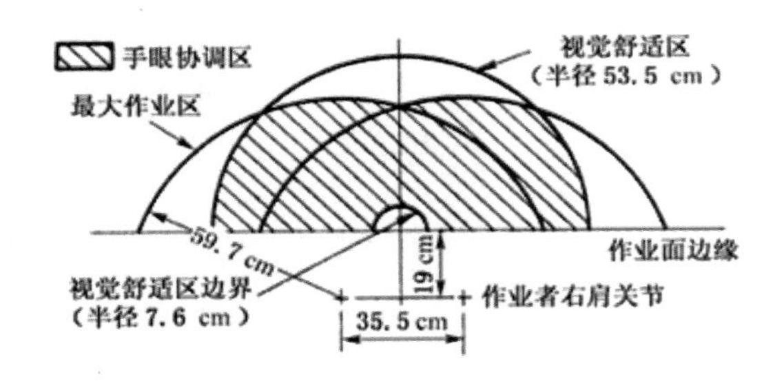

产品界面设计研究

——公共设施组　自动贩卖机操控面板

案例解析

本节内容主要是针对自动贩卖机标准数据进行查询和采集，该案例能够详细列出操控面板每一个模块的尺度，尺度数据采集完整，目标产品色彩采用色块与特性描述，色彩描述较为完整丰富，界面标识部分也能够加入定性描述作以解释，产品材质方面也能够准确描述，整体上本节调研内容完整丰富。

3. 目标产品标准数据查询与采集

（1）目标产品尺寸

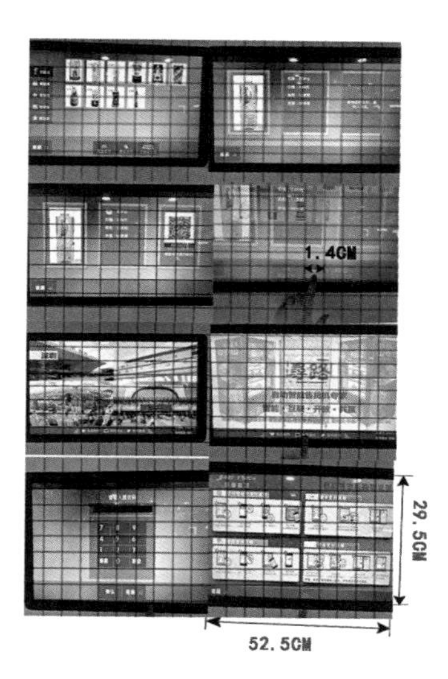

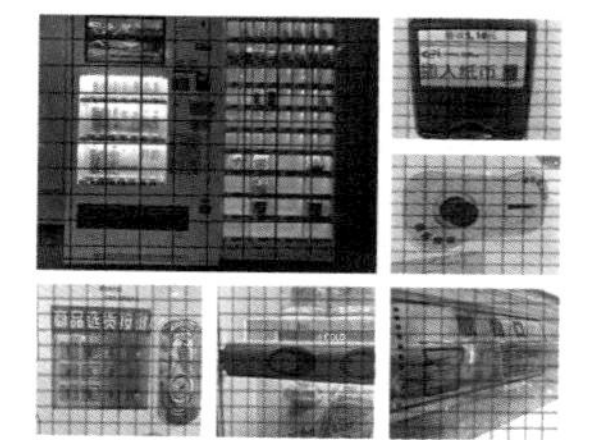

显示屏尺寸：525mm × 295mm
显示屏离地高度：1570mm
显示字符大小：10mm × 10mm
选货键（椭圆）大小：50mm × 20mm
出货口尺寸：770mm × 170mm
纸币入口宽度：750mm
硬币入口宽度：350mm
退币口尺寸：80mm × 55mm

（2）目标产品色彩

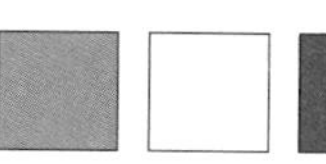

产品外壳主要颜色为白色，次要颜色为蓝色；
产品待机时选货键灯光颜色为蓝紫色间歇闪烁，选货后按键为红色。

（3）目标产品界面标识

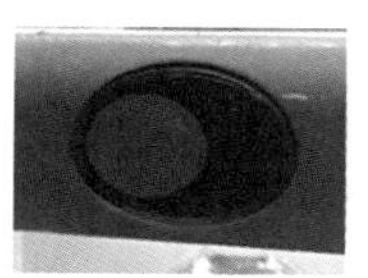

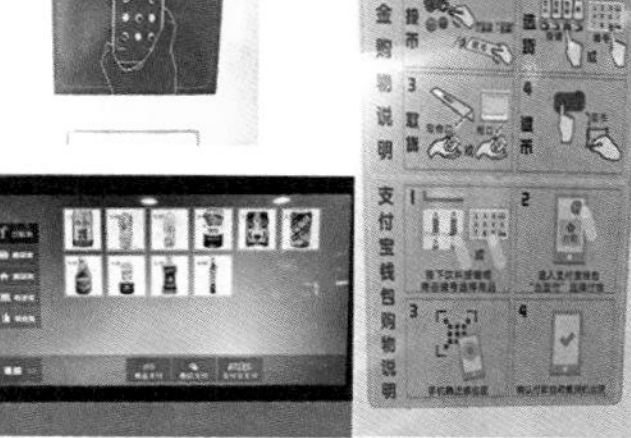

按键形状：
货架的选货键为椭圆形；售货机右侧的选货键为凸起的圆角矩形。

图形符号：
①画有一只手持着手机做出感应的动作，提示声波感应区；
②画有如何投币和如何用手机扫描支付的动作，用来说明现金支付以及支付宝支付步骤；
③画有图形符号在界面选项的左侧，用于解释。

退币柄形状：圆柱形。

（4）目标产品材质与表面肌理

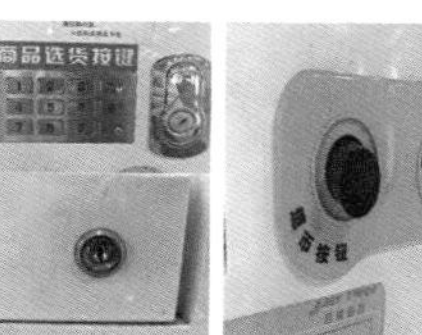
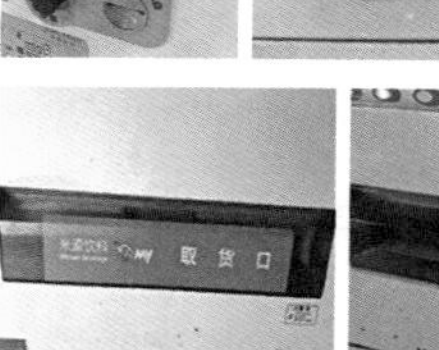
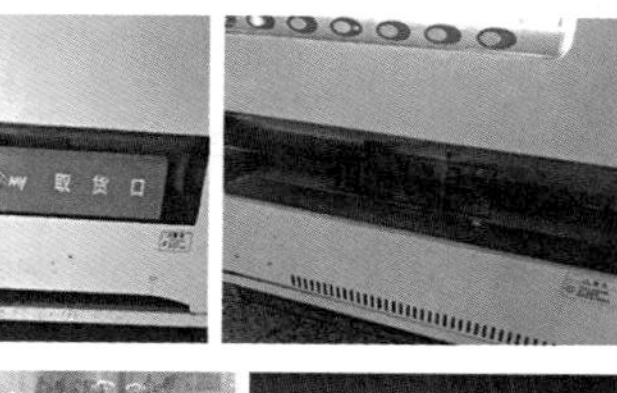

选货键材质为金属，表面肌理为镀铬；
退货柄材质为塑料，表面肌理为亮面；
取货口挡板材质为塑料，表面肌理为亮面。

产品界面设计研究

——公共设施组 自动贩卖机操控面板

案例解析

本节内容主要是针对目标人群在实际使用原产品时所涉及的操作尺度数据分析与问题定位。该案例在这方面数据分析内容完整丰富，能够从目标人群在实际使用过程中涉及的动作感受、视野感受、听觉感受、灯光感受、图形感受、触觉感受等方面进行详细分析。不足之处在于操控面板每一模块的数据没有很详细地展示与分析，问题定位方面也没有进行详尽的归类与分析。

4. 数据分析与问题定位

（1）动作感受

触摸时，快速选择一件商品手臂无疲惫感；选择两件以上商品时手臂肌肉疲惫。

（2）视野感受

显示屏位于视觉舒适区，视线上下左右轻微移动即可接收显示屏全画面。

（3）听觉感受

触摸时，无音效反馈，付款后有短促滴声提示。

（4）灯光感受

屏幕亮度温和不刺眼，且能清晰地表现画面色彩。

（5）图形感受

待机状态下有商业宣传图轮流切换，使用界面的每个功能选项均有图形符号解释功能含义，商品选项为左上角标有价格的商品图。

（6）触觉反馈

触摸屏光滑，轻触屏幕即可有瞬时反馈；电阻式触摸屏，精度高；压力感应，可用任何物体触摸；多点触控不够灵敏。

产品界面设计研究

——公共设施组 自动贩卖机操控面板

案例解析

本节内容主要是草模方案与草模展示，以及草模可用性测试和对目标人群在实际使用过程中出现的数据偏差进行修正。该案例在这方面内容比较完整，能够针对测试人的问题反馈作出针对性的数据修正与解决方案。不足之处在于草图方案的展示过于模糊不清，草模制作过程没有清楚说明，草图方案中涉及的功能模块也没有说明清楚，缺少软界面的信息架构。

5. 草图方案与草模展示

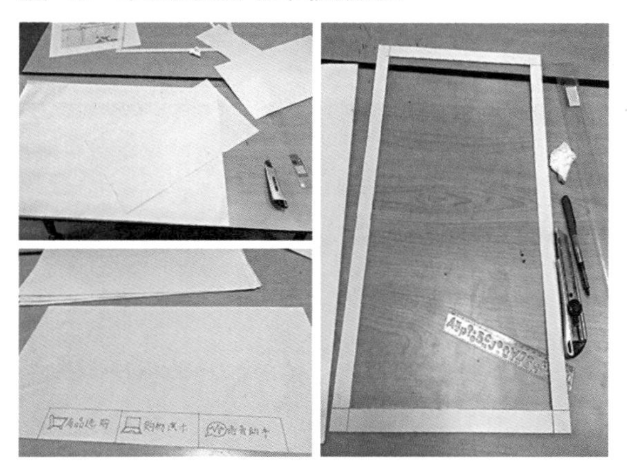

6. 草模可用性测试与数据修正

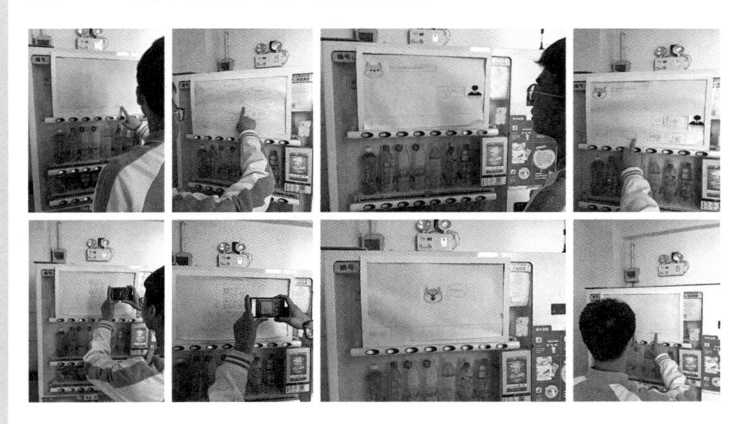

测试人基本信息：

男；

20 岁；

江南大学设计学院大一在读；

身高 179cm；

熟悉自动贩卖机使用方法以及手机支付。

数据修正：

（1）测试者反馈：横向屏幕过宽，不利于快速浏览接收屏幕内全部信息；屏幕高度较高，多次触摸屏幕时手臂有一定程度的疲惫感；导航界面的选项按钮过于简单，不够生动美观；界面主要为平面化，给人专业严肃感，与语音助手可爱的风格不符。

（2）对应改进措施：与绝大多数市面智能手机相似，将屏幕改为 9：16 比例的竖屏，接近黄金比例；降低屏幕高度，使屏幕中心点位于 160cm 附近；对导航界面的选项按钮进行美化处理；界面采用拟物化设计，增强界面给人带来的亲和感，有利于更好地进行人机交互。

产品界面设计研究

——公共设施组　自动贩卖机操控面板

案例解析

本节内容主要是针对产品最终效果的展示。该案例在这方面内容比较完整，能够将改良前后的软界面布局进行对比展示，设计说明也清楚完整地阐述整个设计过程与设计特点。不足之处在于缺少对整个设计过程的反思与总结。

7. 最终效果展示

（1）改良前

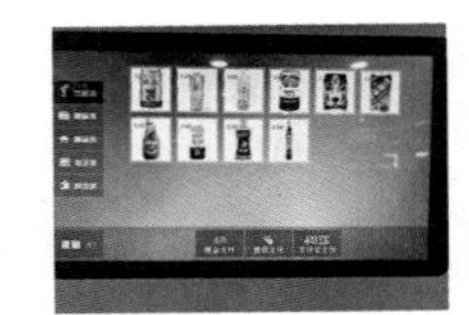

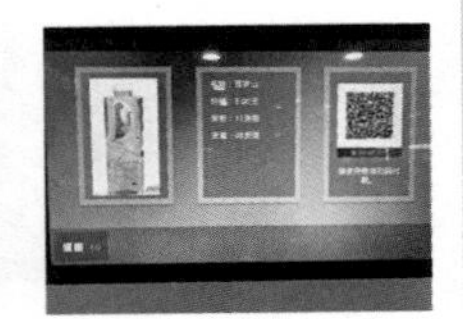

（2）改良后

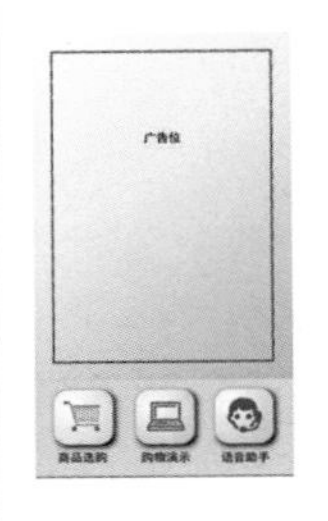

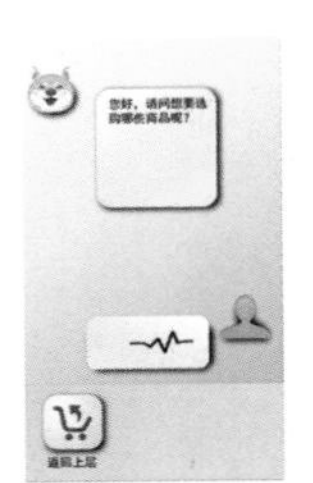
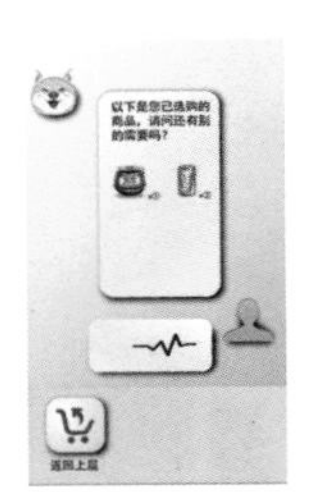
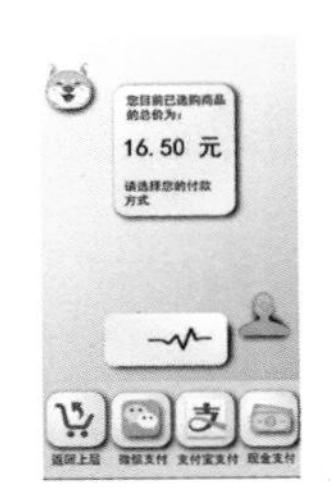

（3）产品尺寸

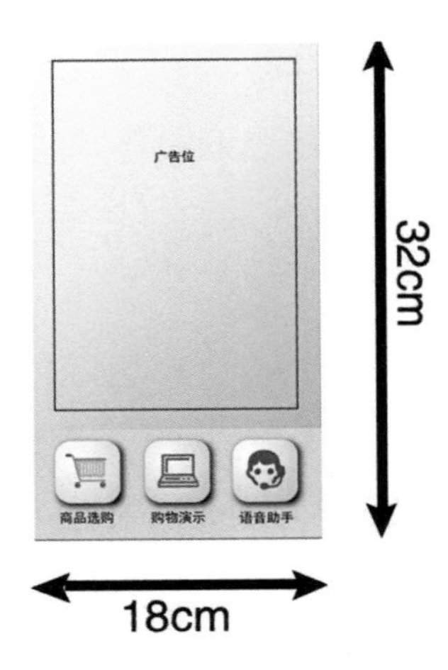

设计说明：

该作品为自动贩卖机的语音助手 UI（VUI）设计，用于帮助不适应图形用户界面（GUI）的用户更好地使用界面，完成人机交互。在诸如火车站、学校等人流密集的公共场合，自动贩卖机满足了人群随时购买食品、日用品的需求，它在销售的过程中具有即时性、高效性、无人性等特点。使用带触屏的贩卖机的用户大多为年轻人，其他如老年人、外国人等潜在消费者由于不熟悉操作界面、不了解语言等原因，使用自动贩卖机体验不高。因此，为使自动贩卖机能够给更多、更广的群体带来方便舒适的使用体验，我们在原界面设计的基础上添加了语音助手模块，它的设计想法来源于智能手机上的语音控制功能，吸收了如 siri、cortana 等产品的亲和性等特点。

03

第3章　资源导航

第 3 章　资源导航

3.1　标准与规范

3.1.1　国家标准

1. 人的行为与动作相关国家标准

（1）国标 GB/T 10000—1988《中国成年人人体尺寸》

此标准根据人类工效学要求提供了我国成年人人体尺寸的基础数值。适用于工业产品、建筑设计、军事工业以及工业的技术改造设备更新及劳动安全保护。标准中所列数值，代表从事工业生产的法定中国成年人（男 18~60 岁，女 18~55 岁）。

（2）国标 GB/T 26158—2010《中国未成年人人体尺寸》

此标准给出了未成年人（4~17 岁）72 项人体尺寸所涉及的 11 个百分位数。此标准适用于未成年人用品的设计与生产，以及与未成年人相关设施的设计和安全防护。

（3）国标 GB/T 5703—2010《用于技术设计的人体测量基础项目》

此标准给出了用于不同人群间比对的人体测量基础项目的描述。此标准中规定的基本项目，旨在为专业人员提供服务，帮助他们测定人群，并将有关知识用于产品的设计以及人们日常工作和生活场所的设计。此标准不作为如何获取人体测量数据的准则，而是为工效学专家和设计者提供在解决设计任务时，需要的有关解剖学基础、人体测量学基础以及测量原则方面的资料。此标准宜与相关的国家或国际标准或法规一起使用，以确保人群测定的一致性。针对各种不同应用，宜在此标准的基础项目列表之外增加一些特定的测量项目。

（4）国标 GB/T 12985—1991《在产品设计中应用人体尺寸百分位数的通则》

此标准规定了在涉及人体尺寸的产品尺寸设计时应用人体尺寸百分位数的通则。此标准适用于工业产品设计。

（5）国标 GB/T 14779—1993《坐姿人体模板功能设计要求》

此标准规定了不同身高等级的成年人坐姿模板的功能设计基本条件、功能尺寸、关节功能活动角度、设计图和使用要求。此标准适用于坐姿人体模板的设计，也适用于坐姿条件下确定座椅、工作面、支撑面、调节部件配置时的工效学设计要求。

（6）国标 GB/T 15759—1995《人体模板设计和使用要求》

此标准规定了四个身高等级设计用人体外形模板的尺寸数据及其图形。此标准适用于与人体有关的工作空间、操作位置的辅助设计及其工效学的评价。

（7）国标 GB/T 16252—1996《成年人手部号型》

此标准规定了成年人手部号型的定义、号型系列的设置、控制部位尺寸系列与号型标志。此标准适用于手套的规格设计、生产与选用，也适用于轻工产品、手动工具的设计、生产与选用。

2. 感官、认知与交互相关国家标准

（1）GB/T 10001.1—2006《标志用公共信息图形符号　第1部分：通用符号》

此标准规定了通用的标志用公共信息图形符号，适用于公共场所、服务设施及运输工具等，也适用于出版物及其他信息载体。

（2）GB/T 5465.2—2008《电气设备用图形符号第2部分：图形符号》

此标准规定了电气设备用图形符号及其名称、含义和应用范围。此标准的图形符号适用于以下用途：

1）标识设备或其组成部分（如控制器或显示器）；

2）指示功能状态或功能（如开、关、告警）；

3）标示连接（如端子、接头）；

4）提供包装信息（如包装物的标识、装卸说明）；

5）提供设备的操作说明（如使用限制）。

此标准的图形符号不适用于以下用途：

1）安全标记；

2）公共信息；

3）图样和简图；

4）产品技术文件。

（3）GB/T 18976—2003《以人为中心的交互系统设计过程》

以人为中心的设计活动贯穿于以计算机为基础的交互系统的整个生命周期，此标准提供了有关以人为中心设计活动的指南。它以设计过程的管理人员为对象，提供有关以人为中心设计方法的信息来源和标准的指南。此标准涉及交互系统的硬件部分和软件部分。此标准所针对的是以人为中心的设计的项目策划和管理，但并不包含项目管理的所有方面。此标准概述了以人为中心的设计活动。它既不详细阐述以人为中心的设计所需要的方法和技术，也不详细阐述有关健康和安全方面的问题。由于此标准的主要用户是项目管理者，因此此标准仅以必要的深度阐述关于人类工效学方面的技术问题，以便让管理者从整体上理解人类工效学方面的技术问题在设计过程中的相关性和重要性。此标准的目的在于帮助那些负责管理硬件和软件设计过程的人员识别并策划有效而及时的以人为中心的设计活动，为现有的设计过程和方法提供补充。

（4）GB/T 4025—2003《人—机界面标志标识的基本和安全规则指示器和操作器的编码规则》

此标准对某些视觉、听觉和触觉的标识所制定的特定含义建立了一般规则，其目的是：

1）通过对设备或过程的安全监控或安全操作，提高其对人身、财产和环境的安全性；

2）便于对设备或过程进行正常的监控和维护；

3）有利于对控制状况和操作器件位置的快速识别。

此标准一般适用于下列场合：

1）从诸如单一的指示灯、按钮、机械指示器、发光二极管（LEDs）或图像显示屏等一些简单的场合，到由多种器件组成的用来控制设备或工业过程的各种控制站；

2）涉及人身、财产和环境安全的场合，以及使用上述代码以便对设备进行正常监控的场合；

3）由技术委员会为某一特定功能所指定的某种特定编码的场合。

（5）GB/T 19399—2003《工业机器人编程和操作图形用户接口》

此标准规定了机器人编程和操作用的图形用户接口（GUI-R）的结构和元素，并给出了GUI-R与机器人系统、编程和仿真系统以及程序编辑器之间的关系。图形编程系统的重要性在于它既能够在一台分离的编程工作站上离线运行，又可以连接到一个机器人系统上在线工作。对于离线系统，同类的图形用户接口也可与现有的机器人和现有的文本语言结合使用。所生成的代码可以存储在磁盘或其他介质上，以备下载到机器人系统，或直接下载，如：通过串行通信口。一个在线系统可以通过高速串行通信线路连到机器人系统，或完全地集成到机器人控制系统中。此标准内容主要适用于GUI-R的编程，不包含机器人程序本身及其表述方法。

（6）GB 190—1990《危险货物包装标志》

此标准规定了危险货物包装图示标志的种类、名称、尺寸及颜色等。此标准适用于危险货物的运输包装。

（7）GB 4094—1991《汽车操纵件、指示器及信号装置的标志》

此标准规定了汽车操纵件、指示器及信号装置的标志及其位置和信号装置显示颜色的基本要求。此标准适用于M、N类汽车。

（8）GB 191—2000《包装储运图示标志》

此标准规定了包装储运图示标志的名称、图形、尺寸、颜色及使用方法。此标准适用于各种货物的运输包装。

（9）GB/T 8416—2003《视觉信号表面色》

此标准规定了视觉信号表面色（普通色、荧光色、逆反射材料色、透射照明信号标志）的定义、通则和允许的颜色色品范围及亮度因数。此标准适用于各类交通信号标志和一般的报警信号、颜色编码。此标准不适用于灯光信号颜色。

（10）GB/T 8417—2003《灯光信号颜色》

此标准规定了灯光信号（包括闪光信号）颜色的色品区域范围和测试方法。此标准适用于海洋、内河航运、道路、航空和铁路运输系统中所使用的信号灯，包括在轮船、汽车、飞机和火车上使用的信号灯。此标准也适用于在工业控制监测仪表盘上的信号灯及监视器。此标准不适用于汽车的前照灯和雾灯。也不适用于海上信号灯所使用的色温很低的光源。

（11）GB/T 14778—1993《安全色光通用规则》

此标准规定了安全色光表示事项及使用场所、色品区域范围及安全色光的使用方法。此标准适用于工业企业、交通运输、建筑、消防、仓储、医院、学校及公共场所等所使用的安全色光。此标准不适用于航空、航海、内河航运所用的色光，不适用反射光。

（12）GB 18209.1—2010《机械电气安全指示、标志和操作 第1部分：关于视觉、听觉和触觉信号的要求》

此标准规定了在人机接口对暴露人员用视觉、听觉和触觉方法指示有关安全信息的要求。此标准规定了颜色、安全标志、标记和其他警告的方法，是为指示危险状态、危害健康和对付事故而设计的。为促进机械的安全使用和监控，也规定了指示器和操动器使用的视觉、听觉和触觉信号的编码方法。此标准基于 IEC 60073 用颜色和替换方法编码，但不限于电工领域。

（13）GB/T 1251.3—2008《人类工效学 险情和信息的视听信号体系》

此标准规定了包含不同紧急程度的险情和信息信号体系。此标准适用于各种险情信号和信息信号，包括符合 GB/T 15706.2—2007 中 5.3 规定的需清晰觉察和分辨的信号，以及有其他要求或工作条件下需清晰觉察和分辨的信号；此标准也适用于紧急程度处于“极端紧急”到“解除警报”之间的所有信号。当声音信号辅以视觉信号时，两者的信号特征都应进行规定。此部分不适用于已采用特定标准或其他强制性惯例（国际的或国家的）的领域，尤其是火灾警报、医疗警报、公共交通领域使用的警报、导航信号以及用于特殊领域活动（如军事活动）的信号。但为了保持一致性，在采用新信号时宜参照本部分。对于根据依紧急程度分级的听觉信息信号，此标准规定的信号特征体系可作为其信号语言设计的指南。为了可靠、迅速地识别信号，此标准规定了信号的特定特征。某些类别的信号允许改变信号特征，如针对工作场所中接受过特定培训的员工所用的控制信号和警告信号。对于视觉信号，现有的安全色的含义不受此标准影响。针对不同的需要，可采用定时模式和颜色交变作为视觉信号的补充含义。颜色交变仅在极少数情况下使用。

3.1.2 行业标准

（1）JB/T 5062—2006《信息显示装置 人机工程一般要求》

此标准规定了信息显示装置的分类、设计、选用基本原则和人机工程一般要求。此标准适用于机器、设备、仪器仪表、作业场所以及管理过程的操纵和监控。此标准不适用于某些特殊规定的部门和场合。

（2）YD/T 765—1995《邮件处理中心颜色使用导则》

此标准规定了邮件处理中心设备颜色和人员着装颜色的种类、应用范围和使用要求，规定了在邮件处理中心要使用安全色和安全标志。此标准适用于邮件处理中心。

3.2 参考图书推荐

《人机工程学》，北京：北京理工大学出版社，丁玉兰

《人因工程学》，北京：高等教育出版社，张宏林

《现代人—机—环境系统设计》，北京：北京航空航天大学出版社，刘卫华

《安全人机工程学》，北京：中国地质大学出版社，李红杰、鲁顺清

《人机工程学》，北京：北京大学出版社，刘刚田

《人机工程设计与应用手册》，北京：中国标准出版社，童时中

《工业设计应用人机工程学》，沈阳：辽宁科学技术出版社，胡海权

《人机界面设计与应用》，北京：化学工业出版社，李方圆

《人体工程学设计与应用》，沈阳：辽宁美术出版社，刘峰

《人因工程学导论》(原书第2版)，上海：华东师范大学出版社，C·D·威肯斯等

《人机界面设计》，北京：北京邮电大学出版社，刘伟等

《人机工程与创新》，北京：中国建筑工业出版社，武奕陈

《人机交互及实验设计》，北京：科学出版社，孙明、周晔、杨林权

《设计未来：基于物联网、机器人与基因技术的UX》，北京：电子工业出版社，Jonathan Follett

《人机交互中的体态语言理解》，北京：电子工业出版社，徐光祐、陶霖密、邸慧军

《工程心理学与人的作业》，北京：机械工业出版社，(美)克里斯托弗·D·威肯斯

《人机交互中人体工效模型的建立及其应用的研究》，北京：首都经济贸易大学出版社，周晓磊

《工业设计资料集·10·工具·机器设备》，北京：中国建筑工业出版社，刘观庆

《交互设计》，北京：中国水利水电出版社，李世国

3.3 学生作业示例

本节内容的设置为与第 2 章界面与交互实验内容相关的学生作业，作为补充举例。

3.3.1 常规与习惯

1. 学生作业：人体尺度测绘 1（设计者：隋亦杭 / 指导：门坤玲、邹林、于帆）
2. 学生作业：人体尺度测绘 2（设计者：顾洛菡 / 指导：门坤玲、邹林、于帆）
3. 学生作业：人体尺度测绘 3（设计者：高一曲 / 指导：门坤玲、邹林、于帆）
4. 学生作业：人体尺度测绘 4（设计者：孙美惠子 / 指导：门坤玲、邹林、于帆）

3.3.2 操作与使用

1. 学生作业：手部产品测绘——老年人遥控器（设计者：陈雨威 / 指导：于帆）
2. 学生作业：手部产品测绘——儿童握笔器（设计者：顾晨瑜 / 指导：于帆）

3.3.3 仪器与设备

1. 学生作业：迷宫测试仪改良设计 1（设计者：方鑫 / 指导：于帆）
2. 学生作业：迷宫测试仪改良设计 2（设计者：刘墨童 / 指导：于帆）

3.3.4 工作空间与环境

1. 学生作业：工作空间与环境的认知观测实验——以铣床为例（设计者：陈文丽、王继林 / 指导：于帆）
2. 学生作业：工作空间与环境的认知观测实验——以锯床、车床为例（设计者：曲泽林、龚智伟 / 指导：于帆）

3.3.1 常规与习惯

1. 学生作业：人体尺度测绘 1

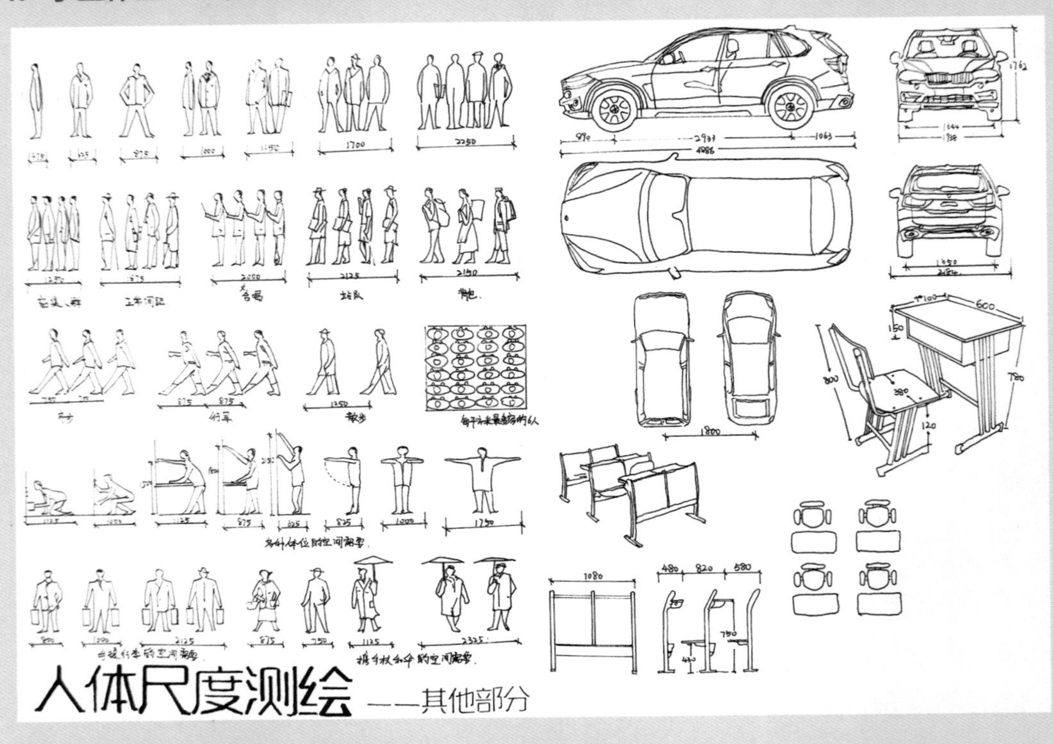

2. 学生作业：人体尺度测绘 2

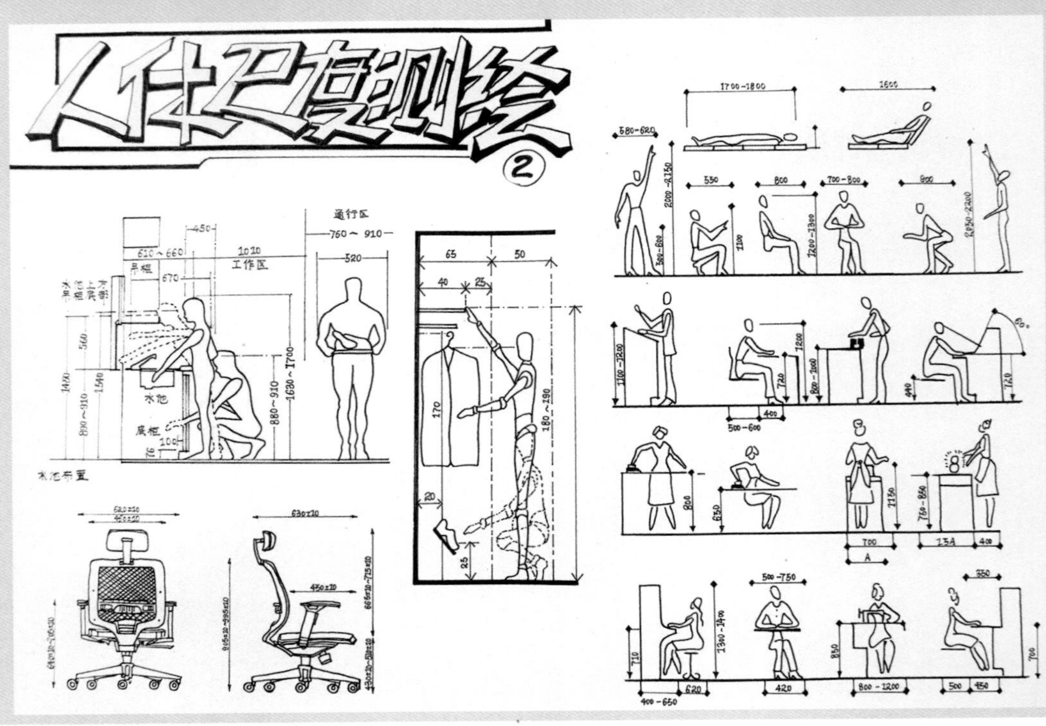

3. 学生作业：人体尺度测绘 3

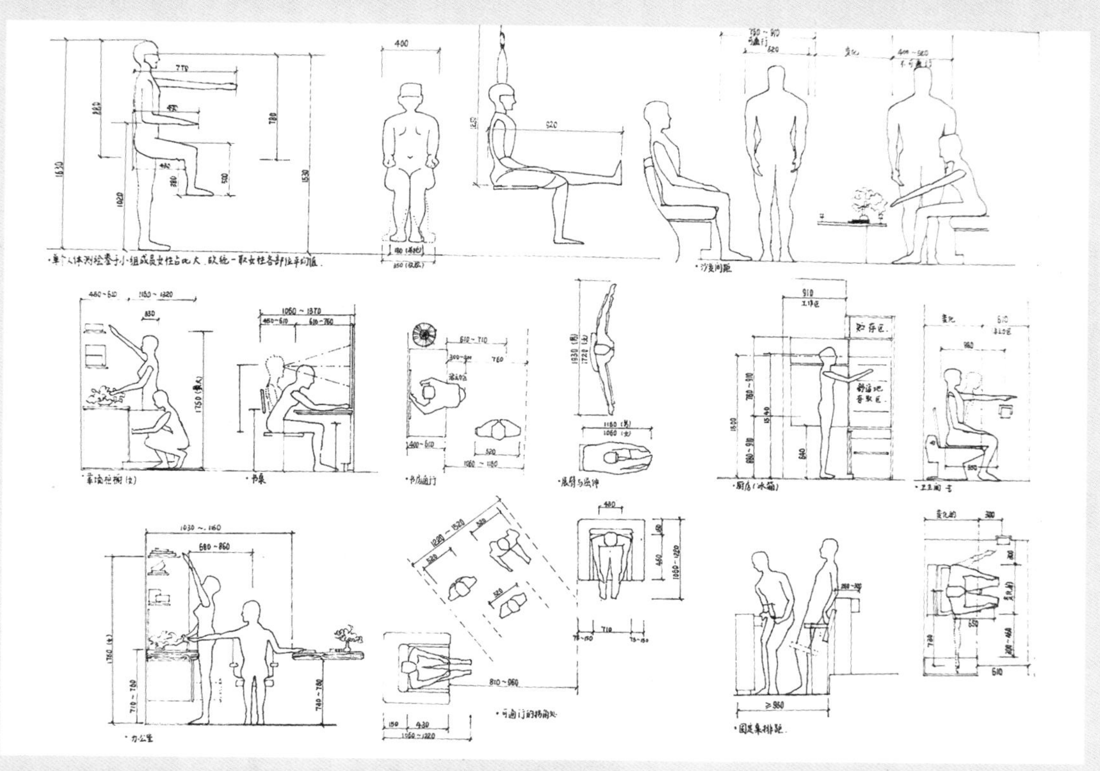

4. 学生作业：人体尺度测绘 4

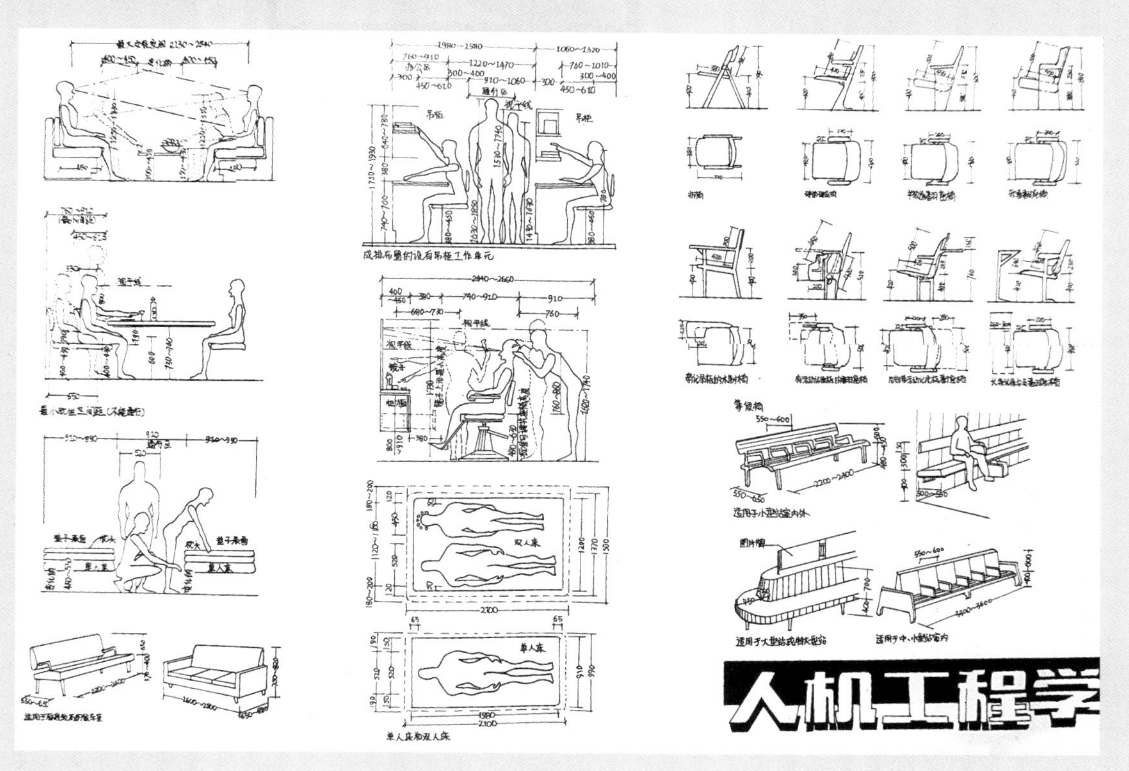

3.3.2 操作与使用

1. 学生作业：手部产品测绘——老年人遥控器

资料收集

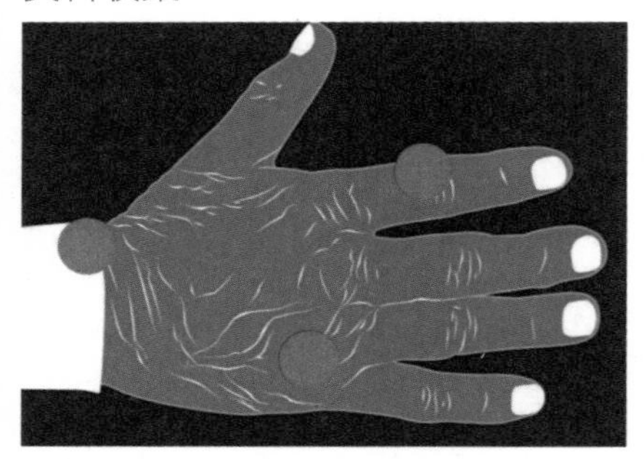

老年人手部特征

指关节磨损严重；手指不灵活；肌肉萎缩手部发生变形；骨质疏松承重能力降低，无意识地颤抖。

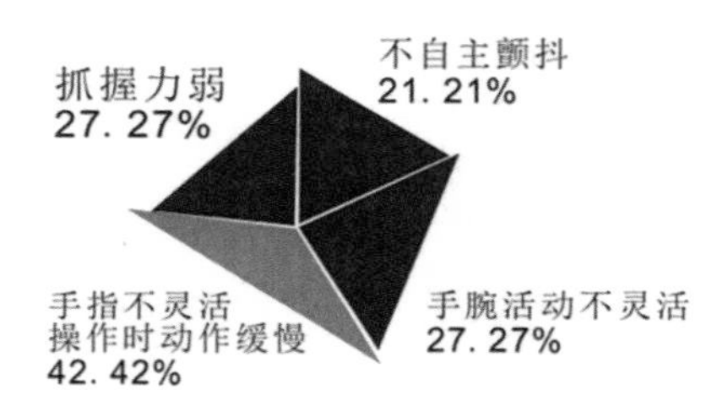

老年人手部问题饼状图

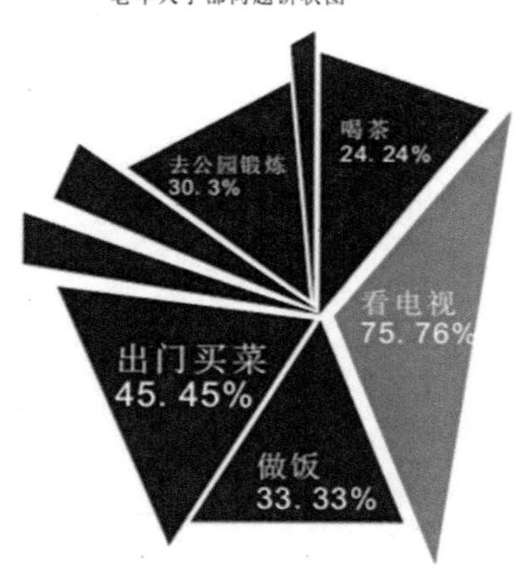

老年人日常活动饼状图

痛点分析

痛点：

试图对准信号时需要扭转手腕。

改良：

改变遥控器形状，为视线角度与瞄准信号角度的集合。

痛点：

界面复杂，无用功能按键过多。

改良：

简化界面。

痛点：

大拇指转动范围无法覆盖整个键盘。

改良：

缩短遥控器长度，使控制面板大小匹配大拇指触及范围。

痛点：

按键过小，容易按错。

改良：

增大按键面积。

2. 学生作业：手部产品测绘——儿童握笔器

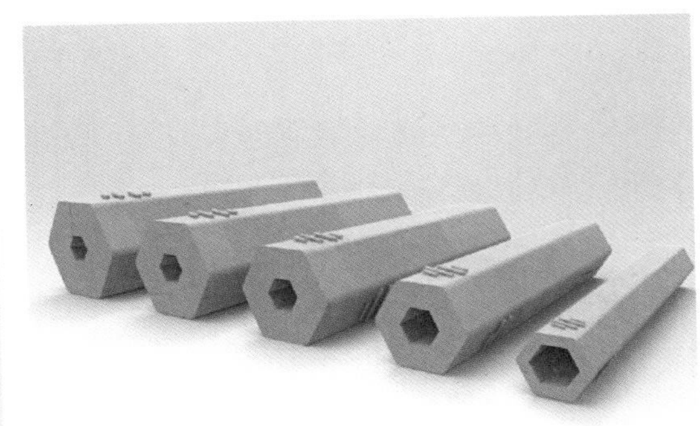

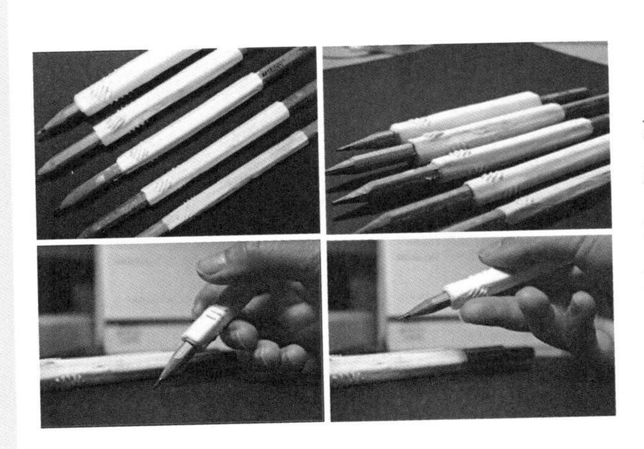

目标选择：考虑到幼儿能够拿的东西有限，经过了解后决定选择直六棱柱铅笔作为我的研究目标。

前期素材收集：我尽可能多地收集了幼儿握笔的姿势，希望能得出一些规律。

发现：从六张照片中可以看出，不同年龄段的孩子握笔姿势存在很大的差异，年龄较大的孩子握笔姿势相对一致。

资料查找：关于铅笔设计成六边形的原因，希望找到适合幼儿的改造点。

（1）最大限度地利用材料。相同的一根圆棒，用它来做六角，会节约材料的使用。

（2）在存放、运输时，有多个面可以吻合相贴，有效利用空间。

（3）根据正确的握笔方法，6 边形正好使中指、食指、拇指分别在相间隔的三个平面上，比较舒服，且比圆柱体的握持更加稳定。

（4）圆形的容易滚动，六边形不易滚动。

初步想法：经过查询了解，我认为现在的六边形铅笔设计是相对合理的，所以打算用一种较软的材质制作一款握笔套，既能避免儿童的嫩手与硬质木材直接接触，又能引导儿童理解并掌握正确握笔姿势。

进一步想法：我想制作一系列由粗到细的笔套模型，保留六棱柱的原型，以轻微凸起的防滑条的方式循序渐进地引导儿童理解并掌握正确握笔姿势。考虑到幼儿成长速度快，手的尺寸也存在较大差异，不同粗细的笔套也可根据孩子手的大小自行选择。

成品展示：

边长为 5~7mm 不等。

正向、靠后的防滑条分别与大拇指和食指接触。

倾斜、靠前的防滑条与中指接触。

3.3.3 仪器与设备

1. 学生作业：迷宫测试仪改良设计 1

（1）数据分析与问题定位

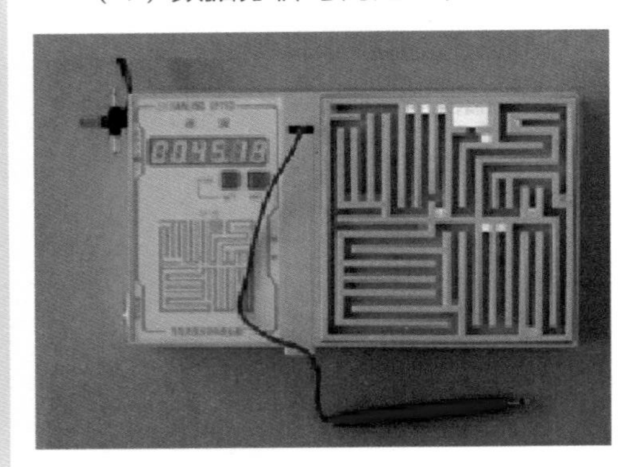

原尺寸：

（1）仪器箱体尺寸：285mm×295mm×80mm

（2）仪器重量：3.5kg

修改后尺寸：

（1）仪器箱体尺寸：239mm×334mm×43.2mm

（2）仪器重量：3.8kg

问题总结：

迷宫裸露，导致被测者会看到迷宫通道，以致实验结果不准确；实验室较为拥挤且嘈杂，以致被测者听不到蜂鸣器响声，导致实验时间延迟；实验台操作不熟练，失误过多；测试仪体积较大，操作不便，实验室内器材过少。

对应解决思路：

解决盲道的遮挡性：视觉——动觉；蜂鸣器的可听觉性：听觉——动觉＋听觉（封闭性）；实验台引导页提示：纸质说明——视觉引导页＋数据记录与分析；测试仪的不便性：笨重、反应迟钝——轻巧型感应灵敏。

（2）成果展示

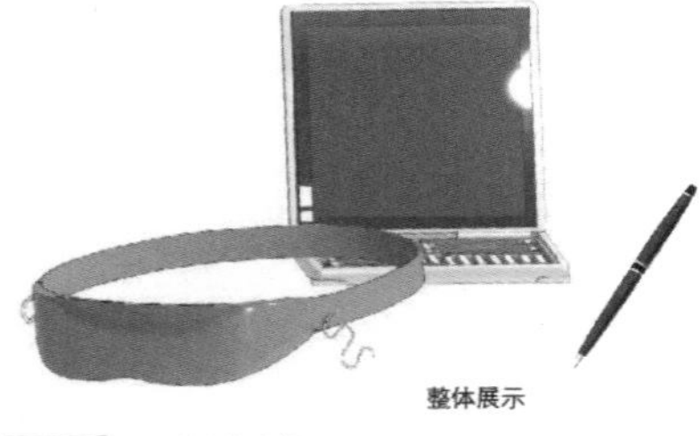

整体展示

测试仪主机：

质量更轻，整体体积较小，显示器采用 LED，方便对测试数据直观化统计；实验操作指导视觉引导；迷宫内饰采用钛合金质量更轻，方便操作。

磁力测试笔：

笔头磁感更强，整体配合蜂鸣器响声会产生震动；整体质量减少，笔身整体采用钛合金质量更轻，更为人性化。

听觉可穿戴：

遮罩眼镜解决了测试者的视觉干扰；耳机配合蜂鸣器封闭性得到大大提高，解决了被试者受外部环境的干扰，大大提高了实验效果的准确性；可穿戴设备整体采用航空材料，质量更轻，减少被测者的不适感。

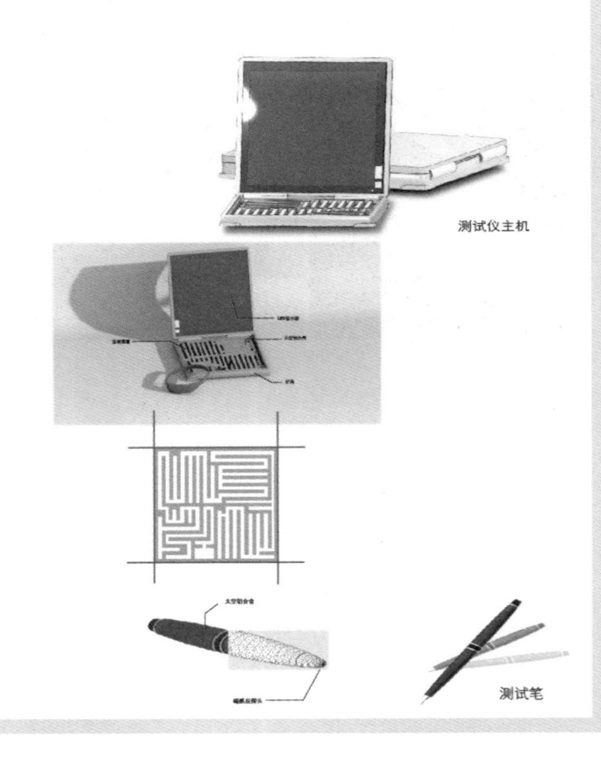

2. 学生作业：迷宫测试仪改良设计 2

（1）草模测试数据分析

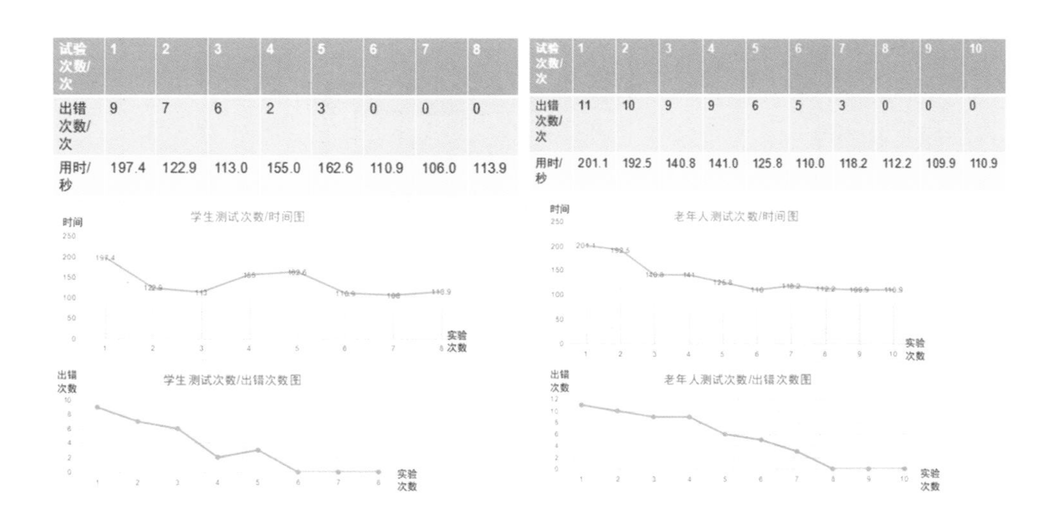

试验次数/次	1	2	3	4	5	6	7	8
出错次数/次	9	7	6	2	3	0	0	0
用时/秒	197.4	122.9	113.0	155.0	162.6	110.9	106.0	113.9

试验次数/次	1	2	3	4	5	6	7	8	9	10
出错次数/次	11	10	9	9	6	5	3	0	0	0
用时/秒	201.1	192.5	140.8	141.0	125.8	110.0	118.2	112.2	109.9	110.9

通过对比学生测试数据与老年人测试数据可以得出：

（1）学生完全学会所用的次数更少，出错次数比老人少，可以说明老年人学习会比年轻人缓慢；

（2）老年人平均用时较短，可能因为本迷宫测试仪较学生用的迷宫测试仪简单。

（2）草模制作与草模展示

（3）成果展示与反思

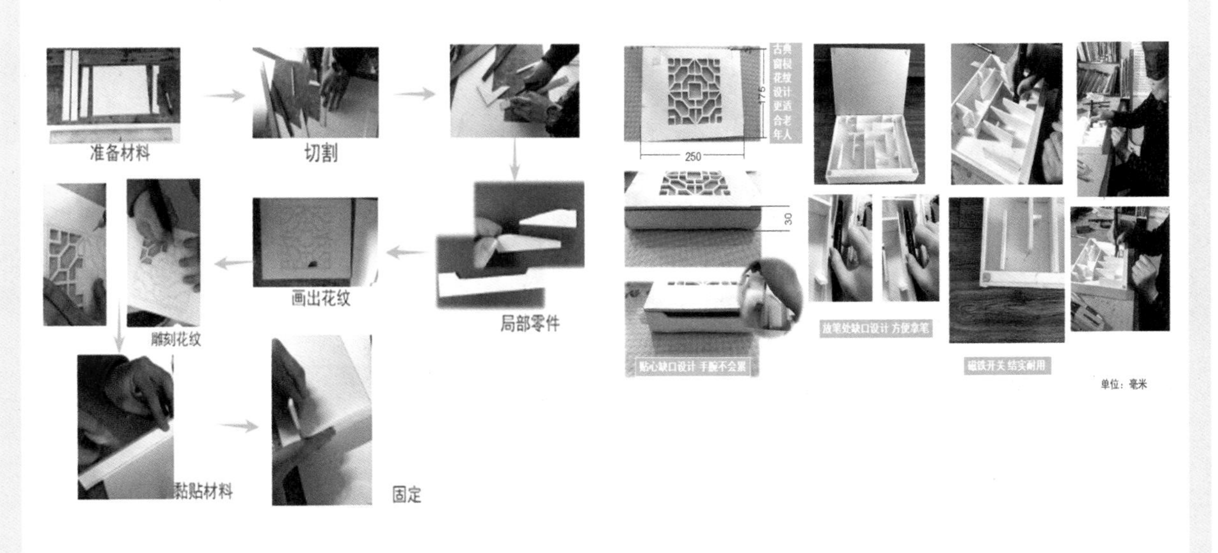

3.3.4 工作空间与环境

1. 学生作业：工作空间与环境的认知观测实验——以铣床为例

SIEMENS 数控铣床

半自动铣床对比纯人工操作的铣床，基本没有手柄，增加的是数控屏幕和键盘，大大提高了安全性。车间的铣床可联机实时显示进度，且一个技工可同时操作四台机器，大大提高了工作效率。

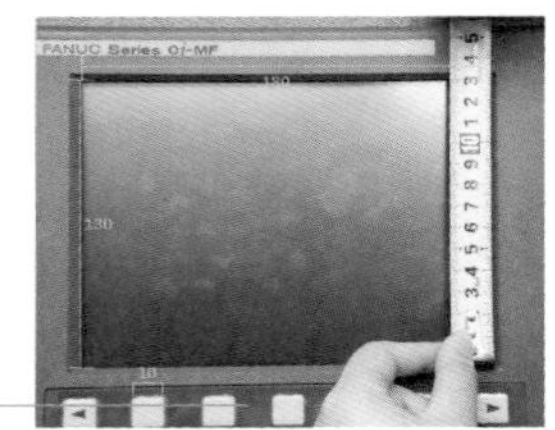

键盘按键方正且大小略宽于手指宽度，机器整体色调为深灰，按钮使用红绿对比配色，且有大小区分，识别度和辨别度高。

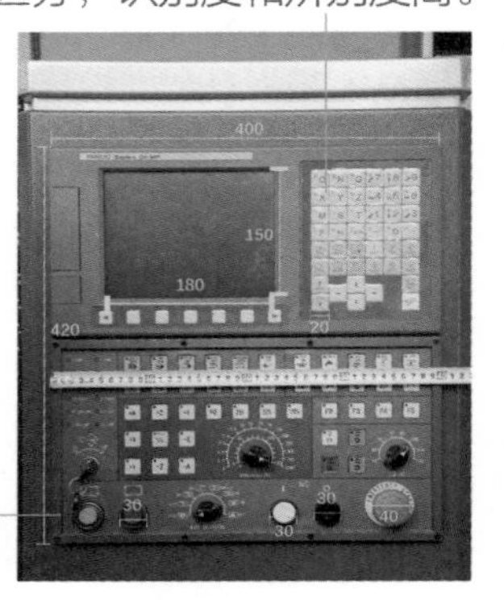

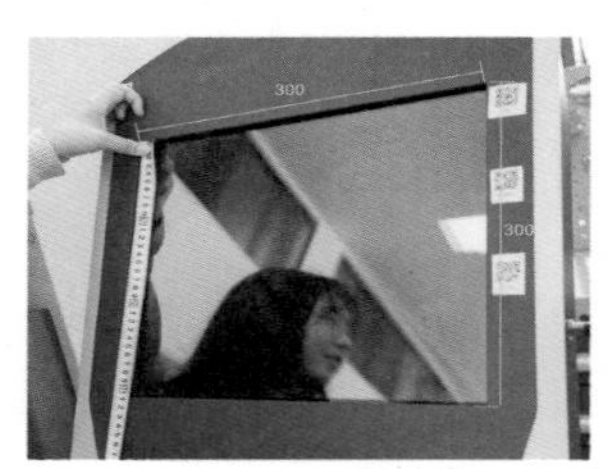

捷甬达铣床

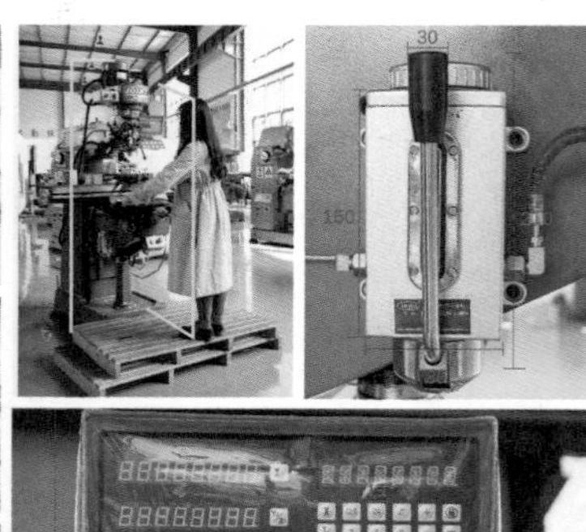

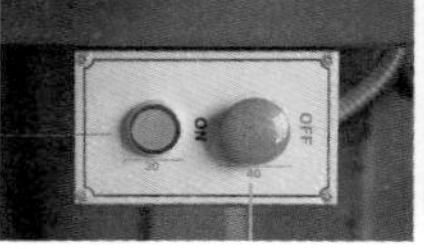

红绿色按钮对比鲜明，能清晰地被人眼识别；按键大小为 15mm，略宽于手指，方便按压。

2. 学生作业：工作空间与环境的认知观测实验——以锯床、车床为例

锯床

单位：mm

人机尺度关系

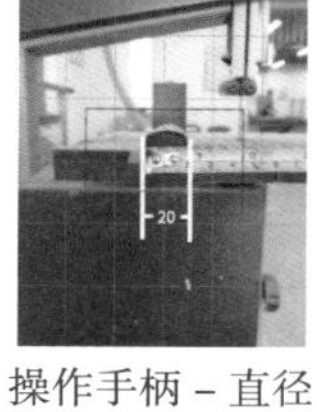

操作手柄－直径

操作手柄－长

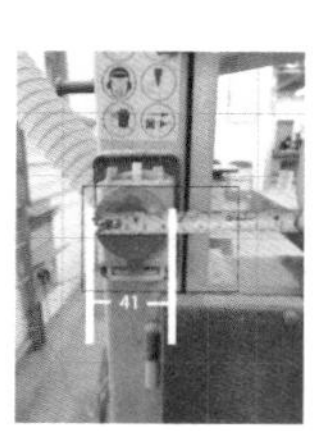

按钮－直径

按键排布与图标

光照

工作台－高

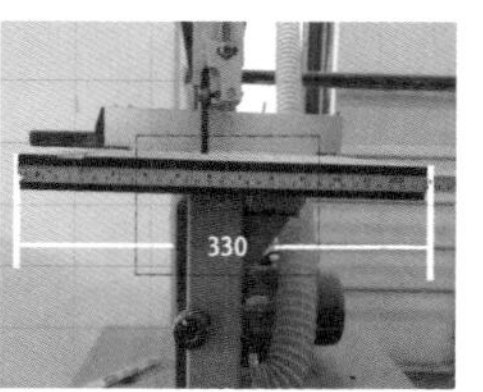

工作台－宽

厂房

通风

按钮－高

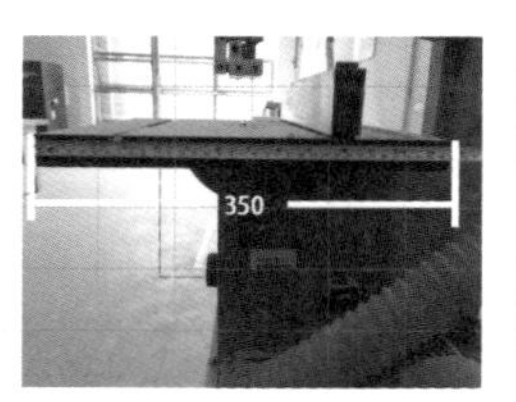

工作台－长

车床

单位：mm

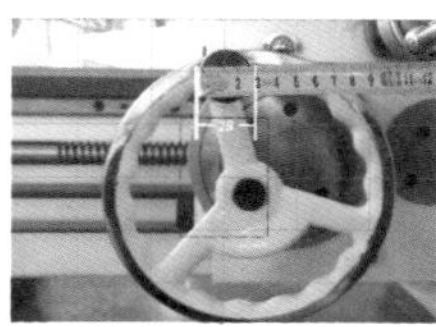

操作手柄－直径

操作手柄－长

手动转轮－直径

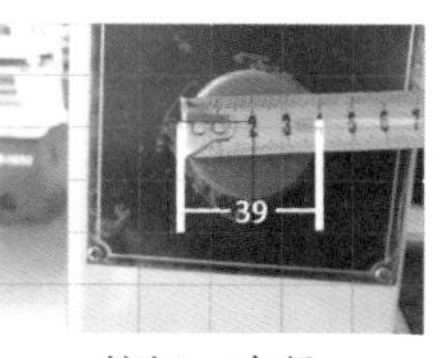

按钮－直径

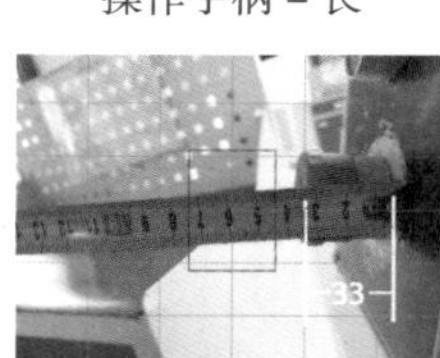

按钮－高

操作面板－尺寸

人机尺度关系

按键排布与图标

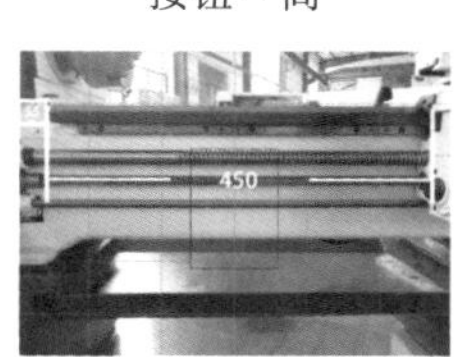

工作台－尺寸

自动按钮－尺寸

参考文献

[1] 丁玉兰. 人机工程学（第 3 版）[M]. 北京理工大学出版社，2005.
[2] 童时中. 人机工程设计与应用手册 [M]. 中国标准出版社，2007.